BEI GRIN MACHT SICH IHR WISSEN BEZAHLT

- Wir veröffentlichen Ihre Hausarbeit,
  Bachelor- und Masterarbeit

- Ihr eigenes eBook und Buch -
  weltweit in allen wichtigen Shops

- Verdienen Sie an jedem Verkauf

Jetzt bei www.GRIN.com hochladen
und kostenlos publizieren

Ernst Probst

Dinornis

Der größte Vogel aller Zeiten

GRIN Verlag

Bibliografische Information der Deutschen Nationalbibliothek:

Die Deutsche Bibliothek verzeichnet diese Publikation in der Deutschen National-
bibliografie; detaillierte bibliografische Daten sind im Internet über http://dnb.d-
nb.de/ abrufbar.

Impressum:

Copyright © 2014 GRIN Verlag GmbH
Druck und Bindung: Books on Demand GmbH, Norderstedt Germany
ISBN: 978-3-656-75532-6

Dieses Buch bei GRIN:

http://www.grin.com/de/e-book/281555/dinornis

Ernst Probst

Dinornis

Der größte Vogel aller Zeiten

*Moa Dinornis robustus (links) und Pachyornis elephantopus,
Ausschnitt aus einer Zeichnung
von Joseph Smit (1836–1929) aus dem Jahre 1892*

Vorwort

Gefiederte Giganten

Wahre Riesen stehen im Mittelpunkt des Taschenbuches „Dinornis –
Der größte Vogel aller Zeiten". Dabei handelt es sich um bis zu 3,60
Meter hohe und fast 280 Kilogramm schwere Weibchen des Riesen-
Moa *Dinornis* („Schreckensvogel"), der einst auf Neuseeland existier-
te. Jene gefiederten Giganten waren ungefähr anderthalb mal so groß
und fast drei Mal so schwer wie die merklich kleineren Männchen. Wie
bei Straußen in der Gegenwart betreuten die Männchen der Riesen-
Moa den Nachwuchs vom Brüten bis zum Aufziehen. Im Gegensatz
dazu verteidigten die Weibchen der Riesen-Moa das Revier. Der
„Schreckensvogel" wurde bereits 1843 durch den Londoner Zoologen
und Paläontologen Richard Owen (1804–1892) erstmals beschrieben,
der im April 1842 den Begriff Dinosauria („Schreckensechsen") für
die Dinosaurier eingeführt hatte. In der Nacheiszeit haben auf Neuseeland neun zu den Moa gehörende Arten gelebt. Bevor gegen Ende des
13. Jahrhunderts erstmals Menschen in Neuseeland einwanderten, sollen dort Hunderttausende oder über eine Million Moa heimisch gewesen sein. Zu starke Jagd auf diese Laufvögel führte bereits um 1450 zu
deren Aussterben. Verfasser des Taschenbuches „Dinornis – Der größte Vogel aller Zeiten" ist der Wiesbadener Wissenschaftsautor Ernst
Probst, der zahlreiche Werke über urzeitliche Tiere geschrieben hat.

*Lebensbild von Riesen-Moa auf Neuseeland von
Benjamin Waterhouse Hawkins (1807–1894) aus dem Jahre 1894*

Der größte Vogel aller Zeiten

Dinornis

Die Weibchen der in der Nacheiszeit (Holozän) auf Neuseeland vor-
kommenden Riesen-Moa *Dinornis robustus* und *Dinornis novaezealandiae* dürften die größten Vögel aller Zeiten gewesen sein. Sie waren
ungefähr anderthalb Mal so groß und fast drei Mal so schwer wie die
Männchen, erreichten bei aufrechter Haltung eine Höhe bis zu sage
und schreibe 3,60 Metern und ein Lebendgewicht von schätzungsweise
maximal knapp 280 Kilogramm.
Früher hielt man *Dinornis giganteus* für die größte Art der Moa auf
Neuseeland. Erst 2003 stellte man fest, dass es sich hierbei um weibliche
Tiere der Moa-Arten *Dinornis robustus* und *Dinornis novaezealandiae*
handelt. Die Rekonstruktion der enormen Körperhöhe der großen Moa-
Arten beruht auf der Annahme eines nach oben gestreckten Halses.
Wegen der Form der Wirbelsäule geht man heute davon aus, dass der
Kopf eher nach vorn gestreckt wurde. Demnach dürfte die Kopfhöhe
der großen Moa wohl merklich niedriger gewesen sein als früher
angenommen.
Ahnen der Moa existierten vermutlich bereits auf dem riesigen
Urkontinent Gondwana, der zeitweise Südamerika, Afrika, Antarktika,
Australien, Arabien, Madagaskar, Neuguinea und Indien umfasste. Die
genetischen Unterschiede zu anderen Vögeln sind so groß, dass sich
die Moa wohl schon zu Zeiten der Dinosaurier von den Ent-
wicklungslinien anderer Vögel getrennt haben. In der Kreidezeit vor
etwa 80 Millionen Jahren brach Neuseeland von dieser gewaltigen
Landmasse ab und driftete langsam in seine heutige Position. Manche
Forscher bezeichnen Neuseeland deswegen gern als „Arche Moa“. Da
dort so gut wie keine Säugetiere vorkamen, besetzten die Vögel deren
Platz und übernahmen die Rolle der großen Pflanzenfresser. Weil sie
keine vierbeinigen Feinde fürchten mussten, verloren viele Vögel auf

*Londoner Zoologe und Paläontologe Richard Owen (1804–1892)
neben dem Skelett eines Riesen-Moa
der Art Dinornis novaezealandiae, die er 1843 beschrieb*

Neuseeland ihr Flugvermögen. Noch nicht ganz geklärt ist die Frage, wer die nächsten heute noch lebenden Verwandten der Moa sind. Manche Forscher favorisieren Neuseelands Nationalvogel, den Kiwi. Im 19. Jahrhundert diskutierte man sogar ernsthaft darüber, ob Moa überhaupt Vögel sind.

Wer die ersten fossilen Knochen eines Moa entdeckte, ist heute nicht mehr genau bekannt. 1838 berichtete der in London geborene Händler Joel Samuel Polack (1807–1882) in seinem Buch „Manners and Customs of the New Zealanders" von Knochenfunden, auf die ihn 1834 Maori im East Cape-Bezirk auf Neuseeland hingewiesen hatten. Aus diesen Funden folgerte er, einst seien auf Neuseeland Emus oder Strauße heimisch gewesen. Anderen Reisenden glückten fast gleichzeitig in Neuseeland ähnliche Entdeckungen. Polack war 1831 als einer der ersten jüdischen Siedler auf die Nordinsel von Neuseeland gekommen, hatte zunächst in Hokianga und von 1832 bis 1837 in Kororake (heute Russel) gelebt. 1835 gründet er die erste Brauerei in Neuseeland. 1837 kehrte er nach England und 1843 wieder nach Neuseeland zurück. 1850 ließ er sich in Kalifornien nieder.

In den frühen 1830-er Jahren erwarb der Flachshändler John William Harris (1808–1872) in Poverty Bay von einem Maori ein 15 Zentimeter langes fossiles Knochenfragment, das der Eingeborene an einem Flussufer gefunden hatte. Der Maori erzählte, dieser Fund stamme von einem riesigen Vogel namens „Movie". Im Februar 1837 überließ Harris dieses Fossil seinem Onkel John Rule, der bei der Marine Schiffsarzt gewesen war und in der Gegend von Sydney lebte. Der Arzt brachte jenes Knochenfragment 1838 mit nach England und versuchte es zu verkaufen. Dieses Fragment gelangte 1939 auch in die Hände des Londoner Zoologen und Paläontologen Richard Owen (1804–1892), der die Moa-Forschung einleitete. Owen identifizierte 1839 das aus Neuseeland stammende Knochenfragment als Rest eines flugunfähigen Laufvogels, der vermutlich größer als ein Strauß sei. Damals arbeitete Owen im „Hunterian Museum" des „Royal College on Surgeons" in London. Später wurde er erster Direktor des „British Museum of Natural

*Britischer Missionar
Richard Taylor (1805–1873)*

History" in London. Er galt als einer der bedeutendsten Wissenschaftler seiner Zeit.

Ein früher Entdecker eines Moa war der britische Missionar Richard Taylor (1805–1873), der 1839 auf Neuseeland eintraf. Er unternahm Anfang 1839 zusammen mit dem Missionar William Williams auf der Nordinsel von Neuseeland eine Reise zur Bucht Poverty Bay an der Ostküste. Im Haus eines Maori in Waiapu fiel Taylor ein in der Decke steckendes ungewöhnlich großes Knochenfragment auf. Er vermutete, es könne sich um einen Vogelknochen handeln, wurde aber von seinem Begleiter deswegen ausgelacht. Denn von welchem Vogel könne ein so großer Knochen stammen. Befragte Maori dagegen erklärten, es handle sich um einen Knochen des Vogels „Tarepo", der auf dem Gipfel des Hikurangi, des höchsten Berges an der Ostküste, lebe. Aus seinen Knochen würden sie Angelhaken anfertigen. Für ein wenig Tabak überließ der Häuptling dem Missionar Taylor diesen merkwürdigen Knochen. Taylor schickte kurz darauf den seltenen Fund zu Richard Owen nach London.

Richard Owen veröffentlichte 1840 die erste Publikation über die bis dahin unbekannten Großvögel. Sein Werk trug den Titel „On the bone of an unknown struthious bird from New Zealand". Darin fällte er folgendes Urteil: „Ich bin willens, meine Reputation für die Folgerung aufs Spiel zu setzen, dass es in Neuseeland einst straußenartige Vögel gegeben hat oder noch gibt, die in der Größe einem heutigen Strauß nahe oder gar gleichkommen."

Nach einem Aufruf in Neuseeland, man möge alle fossilen Reste solcher kolossalen Vögel sammeln und ihm nach London schicken, erhielt Owen bald kistenweise Moa-Knochen.

1843 beschrieb Owen fossile Knochen aus Neuseeland als *Dinornis novaezealandiae* (griechisch: „deinos" = schrecklich, griechisch: „ornis" = Vogel, also „neuseeländischer Schreckensvogel"). 1844 folgte seine Erstbeschreibung von *Dinornis giganteus*.

Owen hat die meisten der heute bekannten Moa-Arten als Erster wissenschaftlich beschrieben. 1846 beispielsweise beschrieb er

*Aus England stammender Missionar
William Colenso (1811–1899)*

Protestantischer Missionar und späterer Bischof
William Williams (1800–1878)

Aus Bonn stammender Geologe und Naturforscher
Julius von Haast (1824–1887)

Dinornis robustus. Innerhalb eines halben Jahrhunderts veröffentlichte Owen fast 50 Artikel über Moa.

Als Erster setzte Owen ein Skelett von *Dinornis* zusammen. Bald wollten alle großen Naturkundemuseen der Welt einen eindrucksvollen „Schreckensvogel" präsentieren, weswegen es zu einem regelrechten „Knochenrausch" kam. Weil jedes Museum in der Mitte des 19. Jahrhunderts mit dem höchsten Moa protzen wollte, wurden die Skelettrekonstruktionen immer größer und gewagter. In viele Rekonstruktionen fügte man mehr Halswirbel ein, als ein Moa zu Lebzeiten je besessen hatte. Den Vogel schoss eine vierbeinige Moa-Rekonstruktion ab.

In der Zeit der ersten Missionare auf Neuseeland von 1814 bis 1837 wurde der Begriff „Moa" noch nicht verwendet. Erstmals sollen 1838 die protestantischen Missionare William Colenso (1811–1899) und William Williams (1800–1878) während eines Urlaubs in Waiapu, etwa 20 Meilen von der East Coast entfernt, von Maori das Wort „Moa" gehört haben. Der Ausdruck Moa bedeutet in vielen polynesischen Sprachen schlichtweg „Henne". Colenso schrieb hierüber einen Bericht und schickte diesen an das „Tasmanian Journal of Science", wo er im August 1842 eintraf und am 6. Oktober 1843 veröffentlicht wurde. Maori hatten den beiden Missionaren von einem riesenhaften Huhn mit dem Gesicht eines Menschen erzählt, das von zwei riesigen Echsen bewacht würde und jeden Eindringling zu Tode trample. Jenes Lebewesen würde „Moa" genannt. Wegen ähnlicher Legenden verwandte man zunächst auch die Maori-Wörter „Tarepo" und „Te Kura" für die Riesenvögel. Doch schließlich setzte sich der Name Moa durch.

Nicht allzu ernst sollte man den Verdacht nehmen, der große Vogel aus Neuseeland verdanke dem „Knochenrausch" des 19. Jahrhunderts seinen Namen. Angeblich verlangten die Engländer von den Maori „more bones" (zu deutsch: „mehr Knochen") und die Eingeborenen glaubten deswegen, „more" oder „moa" sei der englische Name des Riesenvogels. Wichtige Beiträge zur Moa-Forschung leistete der aus Bonn stammende Geologe und Naturforscher Julius von Haast (1824–1887), der ab 21.

Darmstädter Zoologe
Johann Jakob Kaup (1803–1873)

Dezember 1858 auf Neuseeland lebte und 1861 die britische Staatsbürgerschaft annahm. Er trug eine Sammlung von Moa-Fossilien zusammen, beschrieb weitere Arten und spekulierte über die Lebensweise der Moa. Unter anderem glaubte er, nicht die Maori hätten die Moa ausgerottet, sondern ein vorher auf Neuseeland lebendes Volk, das er als „Moa-Jäger" bezeichnete.

Ab 1867 stand Haast mit dem Darmstädter Zoologen Johann Jakob Kaup (1803–1873) in Kontakt. Ein lebhafter Briefwechsel führte bald zu freundschaftlichen Beziehungen und einem regen Austausch zwischen dem „Großherzoglichen Museum" in Darmstadt und dem „Canterbury Museum" in Christchurch. Kaup sandte Haast präparierte Säugetiere und Vögel, Haast schickte Kaup einige Moa-Skelette, die noch heute im „Hessischen Landesmuseum" in Darmstadt aufbewahrt werden.

1853 beschrieb der Naturforscher Charles Lucien Jules Laurent Bonaparte (1803–1857), der Neffe von Kaiser Napoléon Bonaparte (1769–1821), die Ordnung Dinornithiformes. Zu dieser gehört die Familie Dinornithidae mit der Gattung *Dinornis* und deren zwei Arten *Dinornis robustus* und *Dinornis novaezealandiae.*

Heute geht man davon aus, dass in der Nacheiszeit auf Neuseeland neun zu den Moa gehörende Arten existiert haben. 1949 war man noch von 29 Moa-Arten ausgegangen. Der riesenhafte *Dinornis robustus* lebte auf der Nordinsel von Neuseeland, der nicht minder imposante *Dinornis novaezealandiae* dagegen auf der Südinsel. Von den insgesamt neun Moa-Arten kamen zwei nur auf der Nordinsel, fünf nur auf der Südinsel und zwei auf beiden Inseln vor. Von einer *Dinornis*-Art hat man auch spärliche Reste auf Stewart Island entdeckt.

Als ältester Fossilfund eines Moa gilt *Anomalopteryx* aus dem späten Pliozän vor etwa 2,5 Millionen Jahren. Während des Eiszeitalters (Pleistozän) sind offenbar keine Moa-Arten entstanden oder ausgestorben. Die meisten der bisher geborgenen Moa-Fossilien lassen sich den aus der Nacheiszeit bekannten Arten zuordnen. Diese Fossilien sollen von mehr als tausend Moa stammen.

*Naturforscher Charles Lucien Jules Laurent Bonaparte (1803–1857),
der Neffe von Kaiser Napoléon Bonaparte (1769–1821)*

Von Moa sind zahlreiche Knochen, teilweise zusammen mit Resten von vertrocknetem Fleisch, Muskeln, Sehnen, Bändern, Haut und Federn, Eierschalen, sowie mehr oder minder vollständige Eier und Skelette gefunden worden. Moa-Knochen kamen in Flussablagerungen, Mooren und Höhlen zum Vorschein.

Allein im „Auckland-Museum" auf Neuseeland werden drei Dutzend Moa-Eier aufbewahrt. Davon stammen aber nur wenige vom Riesen-Moa. Sechs Museen auf Neuseeland und mehr als ein Dutzend anderswo auf der Erde besitzen Moa-Skelette oder zumindest Nachbildungen davon.

Aus dem Bett oder vom Ufer von Flüssen und Bächen stammen die Moa-Knochen, die der protestantische Missionar William Williams von 1841 bis 1843 in Neuseeland zusammentrug. Seine bedeutende Moa-Knochen-Sammlung bestand aus insgesamt 47 Knochen, von denen 35 Beinknochen waren. Die meisten jener Fossilien sind am Wairoa River geborgen worden. Auch diese Sammlung gelangte nach England. Auf ihr beruhte die erste der zahlreichen Beschreibungen von *Dinornis* durch Richard Owen.

1846 glückte in einem verlandeten Mündungsarm des Waikouaiti River auf der Südinsel ein Moa-Fund. Dort sammelten zunächst Dr. MacKellar und nach ihm Percy Earl (1811–1846) sowie Walter Mantell (1820–1895) Moa-Knochen und schickten sie nach England, wo sie Richard Owen zusammen mit anderen Knochen von der Nordinsel in seiner zweiten Arbeit über *Dinornis* beschrieb. David Teviotdale (1870–1958) erwähnte 1932, jemand habe am Waikouaiti River mehrere hundert Moa-Knochen geborgen, dann aber sein Interesse an diesen Fossilien verloren und sie in eine Müllgrube geworfen. Teviotdale hatte sich vom Fossiliensammler zum ernsthaften Forscher entwickelt, war Mitarbeiter des „Otago-Museums" in Dunedin und der erste Feldarchäologe eines neuseeländischen Museums.

An Flussufern ist man auch auf Moa-Fußabdrücke gestoßen. Im August 1911 legte eine Überschwemmung des Manawatu River einen bläulichen Ton frei, der die gut erhaltenen Fußabdrücke eines großen Moa enthielt.

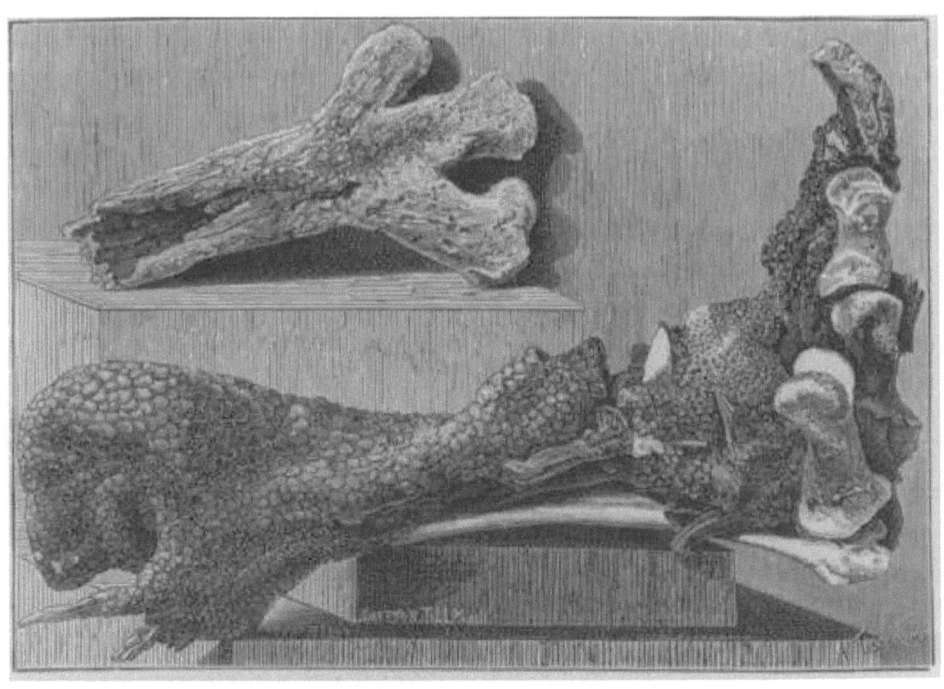

Fußknochen eines Moa.
Zeichnung in „A History of the Birds of New Zealand" (1888)
von Walter Lawry Buller (1836–1906)

Nach einer Überschwemmung im März 1939 am Rangitikei River wurden Fußabdrücke einiger Moa sichtbar. Weitere Moa-Fußabdrücke kennt man vom Turanganui River. Bei Gisborne auf der Nordinsel von Neuseeland entdeckte man eine Reihe großer Fußabdrücke und daneben eine Reihe merklich kleinerer Fußabdrücke. Die Schrittweite des großen Moa betrug durchschnittlich 50 Zentimeter, die des kleinen Moa etwa 32 Zentimeter. Offenbar stammten diese Fußabdrücke von einem Altvogel und einem Jungtier, das neben ihm schritt.

Auffällig viele Moa-Knochen sind in Mooren auf Neuseeland entdeckt worden. Tausende von Moa-Knochen fand man, als 1868 bei Glenmark, etwa 50 Meilen nördlich von Christchurch auf der Südinsel, ein sumpfiges Gebiet entwässert wurde, um Weideland zu gewinnen. Die unter Leitung von Julius Haast ausgegrabenen Knochen stammten angeblich von sechs Moa-Arten.

Im Moor von Hamilton in der Provinz Otago auf der Südinsel hob 1870 der Goldgräber B. S. Booth eine Grube aus und stieß darin auf 56 Moa-Knochen. Zuvor hatte ihn ein Arbeiter darauf aufmerksam gemacht, er habe Moa-Knochen in jenem Moor gefunden. Booth war ein Abenteurer und Draufgänger, auf dessen Kopf wegen revolutionärer Umtriebe in Kanada eine Prämie ausgesetzt gewesen ist. Er hielt seine Entdeckung einige Jahre lang geheim, bis die Goldminen-Gesellschaft, zu deren Abbaugebiet auch das Moor gehörte, das Gebiet verließ. Daraufhin meldete er seinen Fund dem Otago-Museum, das unter Leitung von Frederick Wollaston Hutton (1836–1905) zahlreiche Knochen verschiedener Moa-Arten und des ausgestorbenen Haast-Adlers *(Harpagornis moorei)* barg. 1874 erschien in den „Transactions of the New Zealand Institute" der Fundbericht von Booth. Im Folgejahr entdeckte man nahe des ersten Fundplatzes erneut viele Moa-Knochen, die aber alle bereits stark zerfallen waren. Insgesamt sollen im Moor von Hamilton fossile Reste von ungefähr 400 Moas eingebettet gewesen sein.

Ausgezeichnet erhaltene Moa-Knochen kamen 1888 bei Entwässerungsarbeiten in einem Moor bei Te Aute südwestlich von Napier auf

Skelett eines Riesen-Moa (Dinornis)
in der Dauerausstellung
des „Hessischen Landesmuseums Darmstadt"

Darstellung des Riesen-Moa (Dinornis)
in „A History of the Birds of New Zealand" (1888)
von Walter Lawry Buller (1836–1906)

Jagd auf einen Moa.
Darstellung von Joseph Smit (1836–1929)
aus dem Jahre 1892

der Nordinsel zum Vorschein. Dort wurden unter Leitung von Augustus Hamilton (1854–1913), dem späteren Direktor des „Dominion-Museums" in Wellington, mehr als 1.000 Moa-Knochen, vermischt mit Resten von Bäumen, geborgen. Im selben Jahr entdeckte man in jenem Moor erneut eine Ansammlung von Moa-Knochen von allen auf der Nordinsel bekannten Arten. Auffälligerweise steckten viele der Moa-Fußknochen senkrecht und nebeneinander in einer bläulichen Tonschicht. Zudem fehlten die Schädel und Halswirbelknochen. Erklärt wird dies damit, dass jene Moa im Moor einsanken, im tonigen Untergrund hilflos stecken blieben und verendeten. In dieser Lage rissen Haast-Adler noch lebendigen oder bereits toten Moa die Hälse ab.

Nach der Entwässerung eines Moores bei Enfield in der Provinz Otago auf der Südinsel im Jahre 1891 konnte man fossile Reste von mehr als 800 Moa bergen. Die dicht beieinander liegenden Knochen stammten von etlichen Moa-Arten. Geleitet wurden die dortigen Ausgrabungen von Henry Ogg Forbes (1851–1932), dem Kurator des „Canterbury-Museums" in Christchurch.

Knochen von mehr als 800 Moa hat man 1895 im Kapua-Moor, etwa drei Meilen von der Stadt Waimate auf der Südinsel entfernt, entdeckte Frederick Wollaston Hutton, der die Ausgrabung leitete, hatte eine 6 mal 9 Meter große und rund 3 Meter tiefe Grube ausheben lassen. Die meisten Moa-Knochen steckten in etwa 2 Meter Tiefe im bläulichen Ton. Zwischen ihnen lagen zahlreiche Magensteine.

Ein weiterer wichtiger Moorfundort wurde 1937 im Tal Pyramid Valley bei Waikar (Nord-Canterbury) auf der Nordinsel entdeckt. Als ein Farmer eine Grube im Moor aushob, um darin ein verendetes Pferd zu vergraben, stieß er auf drei große Moa-Knochen. Über diesen Fund informierte 1938 der „Waldläufer" David Hope das „Canterbury-Museum" in Christchurch. Weil man im Museum hoffte, ein seltenes, nicht mit anderen Knochen vermengtes Einzelskelett bergen zu können, öffnete man im Februar 1939 das Pferdegrab wieder, fand aber keine weiteren Moa-Knochen. Dank einer Idee von David Hope entdeckte man dann aber doch noch innerhalb eines einzigen Grabungstages drei

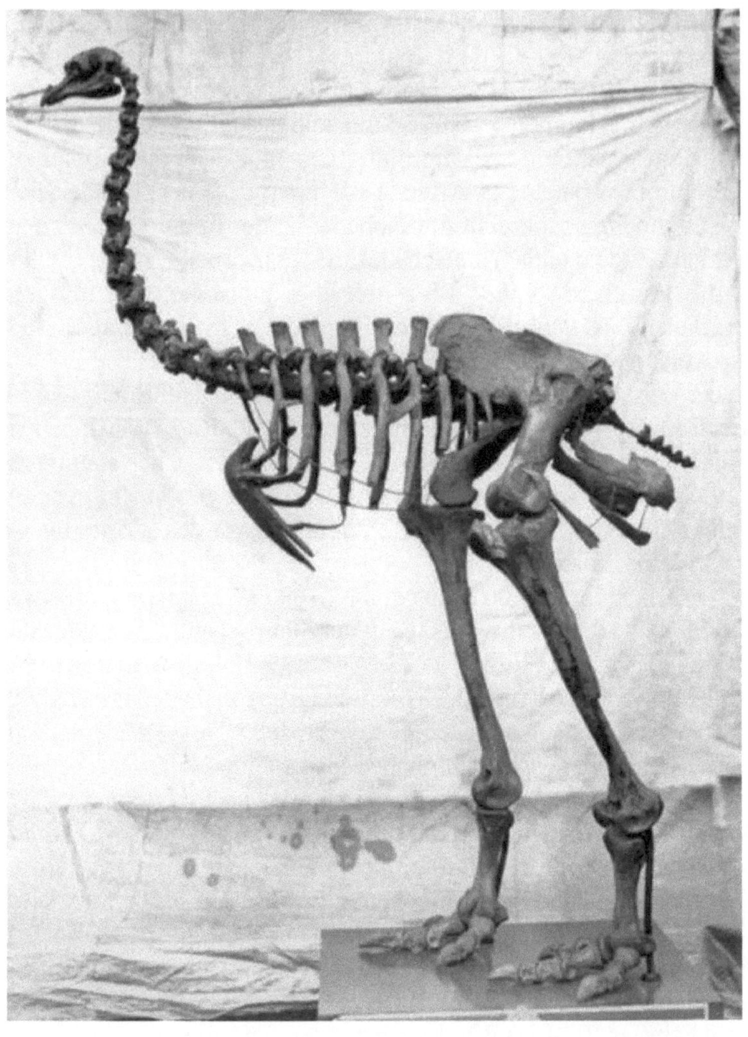

*Skelett des „Schwerfüßigen Moa" Pachyornis elephantopus,
Foto von Roger Fenton (1819–1869)*

Einzelskelette. Hope hatte mit einer Eisenstange an verschiedenen Stellen den weichen Moorboden durchstoßen und war dabei an manchen Stellen auf den Widerstand von Knochen gestoßen. Auf dieselbe Weise erfolgten in den folgenden drei Jahren weitere Grabungen, die 1942 wegen der Knappheit an Helfern und Benzin für die Autofahrten eingestellt wurden.

1948 setzte man anlässlich des Besuches des Direktors der Vogelabteilung des „American Museum of Natural History" (New York), Dr. Robert Cushman Murphy (1887–1973), die Grabungen im Pyramid Valley fort. Dabei wandte man eine neue, systematische Grabungsmethode an. Am Westrand des Moores wurde eine Doppelreihe von je 17 Quadraten, die jeweils einen Durchmesser von 3,60 Metern hatten, abgesteckt. Innerhalb von etwa sechs Wochen grub man den Bodeninhalt jedes Quadrates bis in 1,80 Meter Tiefe ab und kartierte dann die Lagen der Knochen von Moa und anderen Vogelarten. Durch diese Vorgehensweise entstand ein 7,20 Meter breiter und rund 62 Meter langer Graben. Insgesamt barg man fossile Reste von 140 Moa, die meistens von erwachsenen Vögeln stammten. Davon sind 44 Riesen-Moa der Gattung *Dinornis,* 14 *Pachyornis,* 12 *Euryapteryx* und 70 *Emeus.* Andere Knochen belegten die Existenz weiterer 38 Vogelarten. 1940 fand man in jenem Moor ein weiteres *Dinornis*-Skelett, als man Bodenproben für eine Radiokarbon-Datierung entnahm.

Angesichts der oftmals Hunderte von Moa-Funden in Mooren ist viel darüber diskutiert worden, wie diese Vögel dorthin geraten sein könnten. Laut einer Theorie sollen Moa als Leichen in Moore geschwemmt worden sein. Nach einer anderen Theorie sollen Moa bei Steppenbränden in scheinbar rettende, aber trügerische Moore geflüchtet, dort elend versunken und verendet sein. Denkbar ist aber auch, dass innerhalb längerer Zeit alljährlich nur einige Moa im Moor gestorben sind.

Als tückische Fallen für Moa erwiesen sich so genannte Schlamm-quellen. Darunter versteht man tiefe Löcher, die mit flüssigem Schlamm gefüllt sind und deren Oberfläche von einer dünnen Vegetationsdecke überspannt wird. Für Moas, die auf derart trügerisches Gelände gerieten,

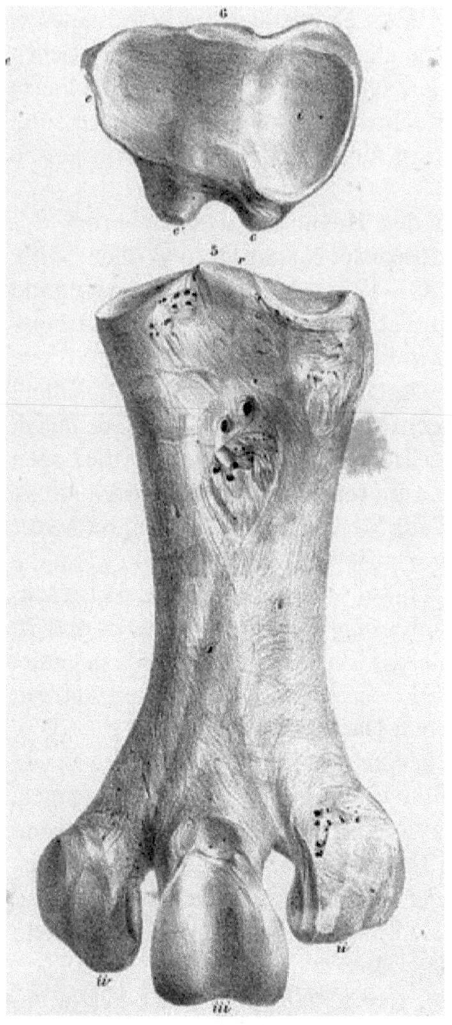

Knochen des „Schwerfüßigen Moa"
(Pachyornis geranoides)

gab es kein Entrinnen. Solche Schlammquellen existieren auf einer Terrasse des Upokongaro-Baches, der einige Meilen oberhalb der Stadt Wanganui in der Provinz Wellington auf der Nordinsel in den Wanganui-River mündet. Jene Schlammquellen haben einen Durchmesser bis zu 13 Metern und eine Tiefe bis zu 8 Metern. Ab 1892 hat man wiederholt Moa-Knochen in diesen Schlammquellen gefunden. Bei einer Ausgrabung im Jahre 1936 wurden mehr als 2.000 Moa-Knochen geborgen, die von zahlreichen Arten (darunter auch vom Riesen-Moa) stammten.

Ungefähr 900 Moa-Knochen fand man 1912 in einer Schlammquelle bei Clevedon in der Provinz Auckland auf der Nordinsel von Neuseeland. Diese Knochen stammten von mehr als 40 Moa verschiedener Arten, darunter auch Riesen-Moa (*Dinornis novaezealandiae*).

Bei manchen Moa-Funden aus Höhlen blieben sogar Reste von vertrocknetem Fleisch, Muskeln, Sehnen, Bändern, Haut und Federn erhalten. Solche seltenen Funde gelangen vor allem in Höhlen in der trockeneren Region des südlichen Teils der Südinsel von Neuseeland.

 An Moa-Knochen in der 1871 entdeckten Earnscleugh Cave haften noch Sehnen. Außerdem fand man dort einen mit Haut bedeckten Hals einer großen Moa-Art, bei der es sich um *Emeus crassus* gehandelt haben könnte.

In einer engen Höhlenspalte von Knobby Range wurden 1874 die fast vollständig erhaltenen Beinknochen des Riesen-Moa *Dinornis robustus* entdeckt. Am rechten Fuß hafteten noch Haut, Muskeln und Bänder. 1876 fand man in einer Höhle von Queenstown fossile Reste, die im „Britischen Museum" als Typusexemplar („A16") für den Wald-Moa *Megalapteryx didinus* aufbewahrt werden. Diese Art wurde 1883 von Richard Owen erstmals beschrieben. Der Fund besteht aus dem Kopf mit vertrocknetem Fleisch, Haut, Augen und Federn, dem Hals sowie den Beinen ohne Oberschenkel. Auch die Luftröhre ist erhalten. Die Beine sind bis zu den Zehen befiedert. Der bis zu 1,30 Meter hohe Wald-Moa mit einem Lebendgewicht von schätzungsweise maximal 25 Kilogramm gilt als kleinste und letzte Moa-Art. Der Wald-Moa soll

Foto auf Seite 31:

Ein ungewöhnlich gut erhaltener fossiler Fund
eines Wald-Moa (Megalapteryx didinus)
wurde 1876 in einer Höhle von Queenstown (Neuseeland) entdeckt.
Er besteht aus dem Kopf mit vertrocknetem Fleisch,
Haut, Augen und Federn, dem Hals
sowie den Beinen ohne Oberschenkel.
Auch die Luftröhre ist erhalten.
Die Beine sind bis zu den Zehen befiedert.
Der bis zu 1,30 Meter hohe Wald-Moa mit einem Lebendgewicht
von schätzungsweise maximal 25 Kilogramm
gilt als kleinste und letzte Moa-Art.
Er wurde 1883 von dem Londoner Zoologen und Paläontologen
Richard Owen (1804–1892) erstmals wissenschaftlich beschrieben.
Der Originalfund wird im „Britischen Museum"
in London aufbewahrt.

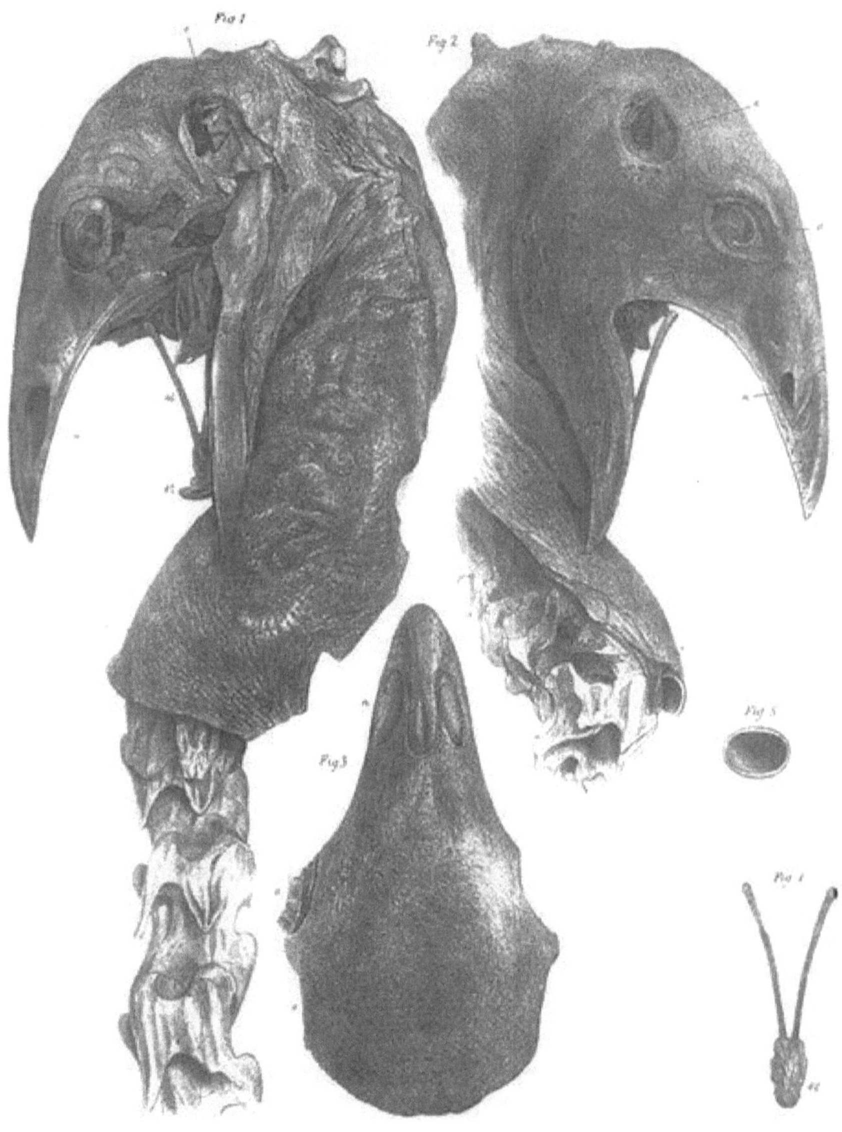

etwa um 1.500 ausgestorben sein. Manche Experten vermuten, isolierte Bestände könnten bis ins frühe 19. Jahrhundert überlebt haben. Im „Otago-Museum" in Dunedin wird das Bein eines Wald-Moa mit Muskeln, Bändern, Haut und einigen Federn aufbewahrt. Dieser Fund („C.68.2) gelang in einer 1895 entdeckten Höhle im Quellgebiet des Waikaia River im Gebirge Old Man Range.

In einer kleinen Kalksteinhöhle bei Tarakohe in der Provinz Nelson lagen fossile Reste von 20 Elefantenfuß-Moa bzw. „Schwerfüßigen Moa" (*Pachyornis elephantopus)*. Dies wurde als ein Hinweis darauf betrachtet, dass jene bis zu 1,80 Meter hohen Moa in Herden aufgetreten sind.

Das „Dominion-Museum" in Wellington erhielt 1942 ein fast vollständig erhaltenes Skelett („NMNZS 400") eines Wald-Moa, das viele Jahre zuvor in der Gegend von Cromwell gefunden worden und im Besitz der Familie des Entdeckers geblieben war. Auch bei diesem Fossil sind der Kopf und der obere Teil des Halses mit vertrocknetem Fleisch und Haut bedeckt. In der Haut befanden sich Gruben, in denen einst die Federn steckten. Die Kopfplatte war mit kleinen und der Hals mit größeren Federn bedeckt. Auch ein Teil der Luftröhre und der Kehlkopf blieben erhalten.

Im Museum von York in England bewahrt man ein fast vollständig erhaltenes Skelett des Riesen-Moa *Dinornis novaezealandiae* auf, das 1863 von Goldgräbern in einer Sandwehe bei Tiger Hill auf der Südinsel von Neuseeland entdeckt wurde. Unter diesem Skelett mit Resten von Knorpeln, Bändern, Haut und Federkielen lagen Knochen von Jungvögeln. Einer phantasievollen Deutung zufolge könnte eine Moa-Mutter mit heruntergebeugtem Kopf ihren letzten Atemzug getan haben, als sie ihre Küken vor einem Wintersturm schützen wollte.

Laut einer 2009 von Michael („Mike") Bunce und anderen Wissenschaftlern veröffentlichten Systematik gehören zur Ordnung Dinornithiformes drei Familien namens Dinornithidae, Emeidae und Megalapterygidae. Zur Familie Dinornithidae rechnet man die Gattung *Dinornis* mit den Arten *Dinornis novaezealandiae* (Nordinsel-Moa) und

Dinornis robustus (Südinsel-Moa). Die Familie Emeidae umfasst die Gattung *Anomalopteryx* mit der einzigen Art *Anomalopteryx didiformis,* die Gattung *Emeus* mit der Art des Kleinen Moa (*Emeus crassus)*, die Gattung *Euryapteryx* mit der Art des Dickbeinigen Moa oder Küstenmoa (*Euryapteryx curtus)* sowie die Gattung *Pachyornis* mit dem bis zu 1,80 Meter großen und maximal 145 Kilogramm schweren Elefantenfuß-Moa oder Schwerfüßigen Moa (*Pachyornis elephantopus)* und den Arten *Pachyornis australis* und *Pachyornis mappini.* Zur Familie Megalapterygidae ordnet man den Hochland-Moa oder Wald-Moa (*Megalapteryx didinus)*.

Die Gattungen *Anomalopteryx* und *Emeus* wurden 1852 von dem deutschen Botaniker und Ornithologen Ludwig Reichenbach (1793–1879) erstmals wissenschaftlich beschrieben. Die Erstbeschreibung der Art *Euryapteryx curtus* erfolgte 1846 durch den britischen Zoologen und Paläontologen Richard Owen. Erstbeschreiber der Gattung *Pachyornis* war der britische Naturforscher und Geologe Richard Lydekker (1849–1915). *Megalapteryx* wurde durch den Geologen und Naturforscher Julius von Haast beschrieben.

Dinornis besaß einen kleinen Kopf mit einem breiten, leicht gebogenen und dreiteiligen Schnabel, einen langen Hals, haarähnliche, rötlich-braune Federn sowie große und kräftige Füße. Bei den übrigen Moa-Gattungen hatte der Schnabel teilweise eine andere Form, was auf unterschiedliche Nahrung hindeutet.

Im Gegensatz zu heutigen Vögeln war das Gefieder der Moa nicht mit winzigen Häkchen ineinander verzahnt, weswegen Moa keine „Fahnen" besitzen, die das Fliegen erlauben. Ebenso wie bei den Kiwis hingen die Federn der Moa ruppig herab. Im Laufe der Evolution hatten sich die Flügel so weit zurückgebildet, dass keine Flügelknochen mehr vorhanden waren.

Das Federkleid von mindestens vier Moa-Arten hatte eine ähnliche, ziemlich einfache braune Tarnfarbe. Nur teilweise befanden sich weiße Spitzen an den Federn. Dies fanden Wissenschaftler der „University of Adelaide" (Australien) und des „Landcare Research Instituts"

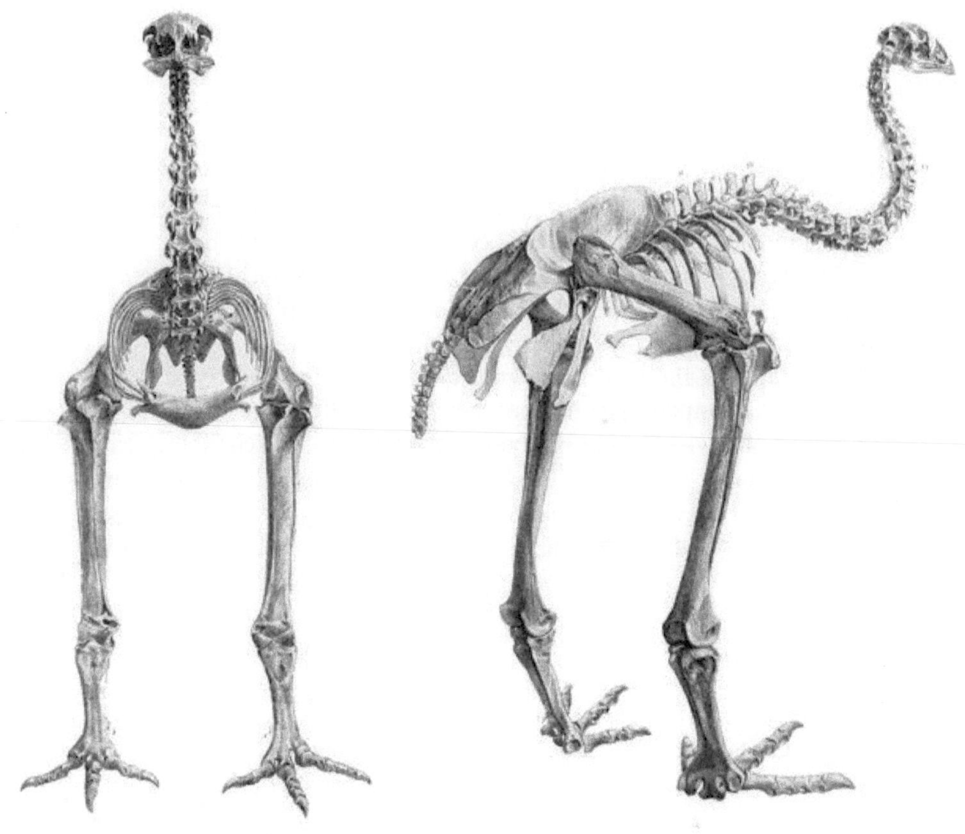

*Skelett des Busch-Moa
(Anomalopteryx didiformis)*

Foto auf Seite 35:

*Skelett des Hochland-Moa oder Wald-Moa
(Megalapteryx didinus)*

Zeichnung auf Seite 37:

Schädelformen verschiedener Moa von oben nach unten:

Dickbeiniger Moa oder Küsten-Moa (Euryapteryx curtus)
Kleiner Moa (Emeus crassus),
Hochland-Moa oder Wald-Moa (Megalapteryx didinus)
Elefantenfuß-Moa
oder Schwerfüßiger Moa (Pachyornis elephantopus).
Zeichnung aus „Transactions of the NZ Institute" (1891)

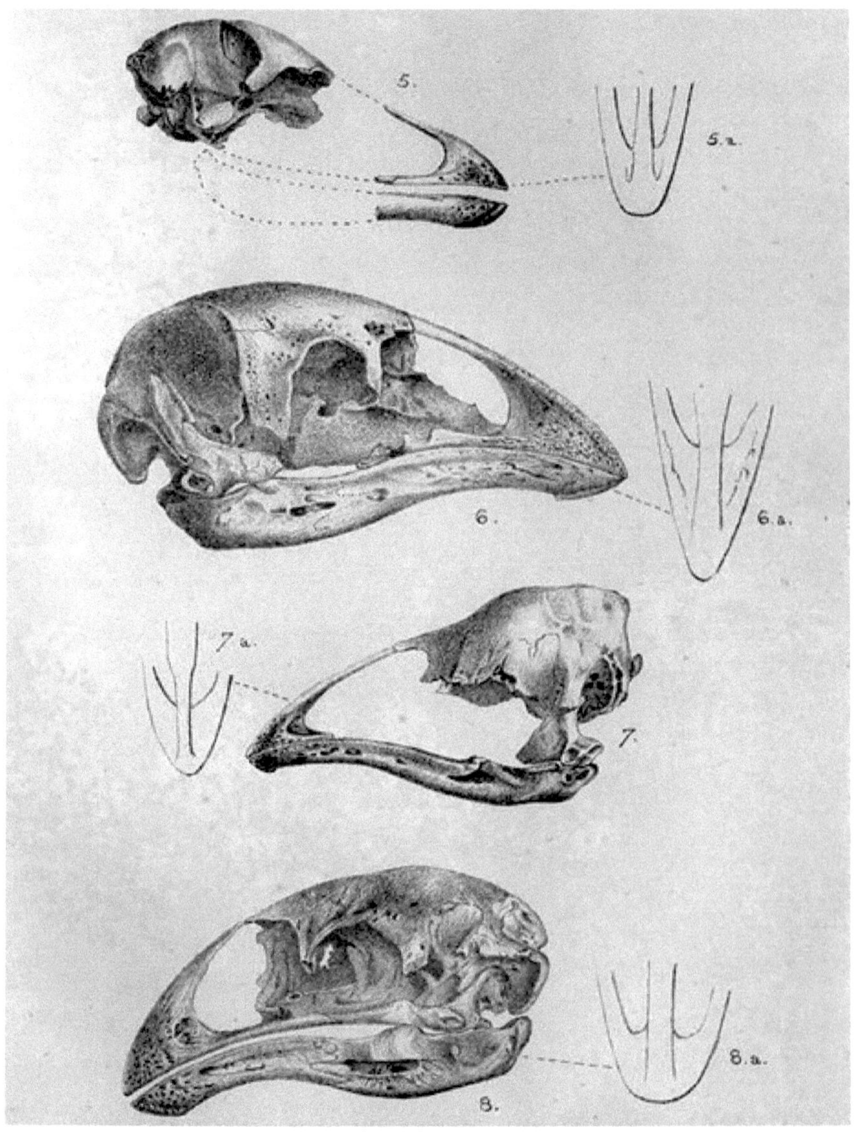

Foto auf Seite 39 oben:

Schädel des Nordinsel-Moa (Dinornis novaezaelandiae)
im „Museum für Naturkunde", Berlin

Foto auf Seite 39 unten:

Schädel eines Moa in der Dauerausstellung „Quagga & Dodo.
Bedroht und ausgestorben"
im „Naturhistorischen Museum Basel"

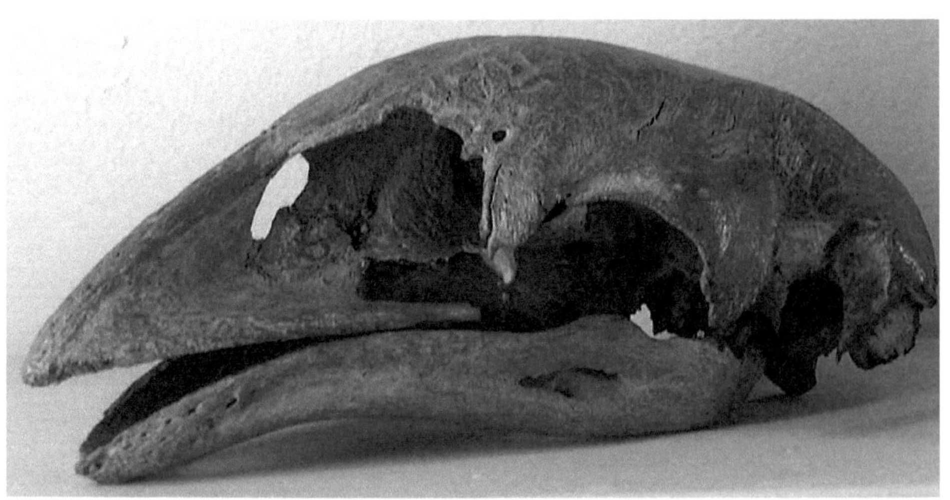

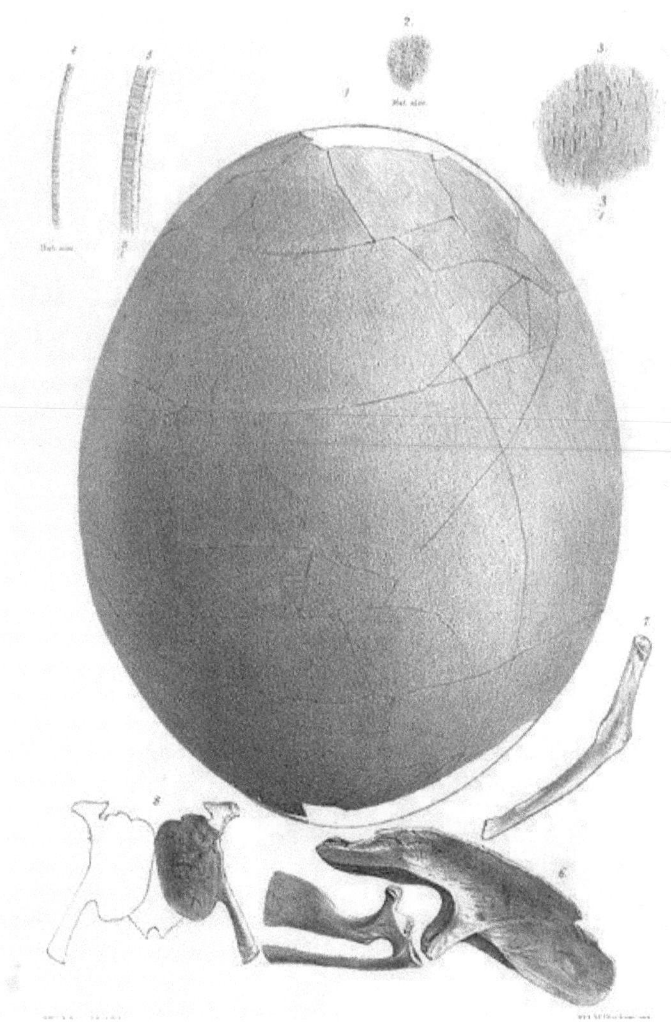

Ei und Embryo-Fragmente des Kleinen Moa (Emeus crassus), Zeichnung aus dem Jahre 1879

(Neuseeland) bei einer DNA-Analyse der fossilen Federn von vier Moa-Arten heraus. Diese Federn waren mindestens 2.500 Jahre alt, stammten vom Südinsel-Moa *(Dinornis robustus),* Hochland-Moa oder Wald-Moa *(Megalapteryx didinus),* Elefantenfuß-Moa oder Schwerfüßigen Moa *(Pachyornis elephantopus)* und vom Dickbeinigen Moa *(Euryapteryx curtus)* und waren in Höhlen oder Felsnischen gefunden worden. Jamie Wood vom „Landcare Research Institut vermutete 2009 bei der Veröffentlichung dieser Ergebnisse, die düstere Farbe dieser Moa sei allmählich durch Selektion entstanden und ein Schutz vor dem Haast-Adler gewesen.

Wie die Strauße in Afrika, Nandus in Südamerika, Emus in Australien, Kasuare auf Neuguinea und Queensland sowie die Kiwis auf Neuseeland gehören die Moa zu den Laufvögeln (Ratiten). Sie haben im Laufe ihrer Stammesgeschichte das Fliegen verlernt, weil sie lange Zeit keine bodenlebenden, natürlichen Feinde hatten. Die meisten Moa-Arten hatten kurze Beine, die so groß wie die eines heutigen Truthahns waren. Als größtes Ei des Riesen-Moa *Dinornis novaezealandiae* gilt ein bereits 1859 geborgener 25,3 Zentimeter langer und 17,8 Zentimeter hoher Fund von Kaikoura auf der Südinsel von Neuseland. Der Art *Dinornis robustus* zugeschrieben werden ein 1866 bei Cromwell entdecktes Ei (22,6 mal 15,5 Zentimeter) und ein 1941 am Shag River gefundenes Ei (22,1 mal 15 Zentimeter).

Bei den größten Moa-Arten der Gattung *Dinornis* besaßen die Eier eine 2 Millimeter dicke Schale und hatten ein Gewicht von schätzungsweise 4.500 Gramm. Damit entsprach ihr Volumen mehr als 75 heutigen Hühnereiern mit einem Durchschnittsgewicht von 60 Gramm.

Moa-Weibchen legten einmal im Jahr ein bis zwei Eier pro Gelege. Bisher sind etwa 30 erhaltene Moa-Eier bekannt. Die Größe der Moa-Eier deutet darauf hin, dass die frisch geschlüpften Jungmoa weit entwickelt und bereits sehr selbstständig waren.

Im Skelett eines 1939 im Pyramid Valley-Moor entdeckten Moa *(Emeus crassus)* befand sich zwischen Brustbein und Becken ein zerdrücktes

Lebensbild eines Moa,
Zeichnung von „Scott Foresman and Company",
Gienview, Illinois (USA)

Ei. Dieses 17,9 Zentimeter lange und 13,4 Zentimeter hohe Ei lag im Leib legereif, als der Vogel im Moor starb. Jene Moa-Art erreichte eine Höhe bis zu 1,80 Metern.

Ein 1871 am Rakaia River entdecktes unvollständiges Ei (NMNZ S23080), das im „Canterbury Museum" in Christchurch aufbewahrt wird, hat man vorläufig dem kleinen Wald-Moa zugeschrieben. Eine Radiokohlenstoff-Datierung ergab ein Alter für den Zeitraum 1.300 bis 1.400.

Womöglich haben manche Moa-Arten in großen Kolonien gebrütet. Eine solche Brutkolonie könnte sich nach Ansicht von F. T. Frost in einem Dünengebiet im Norden von Auckland auf der Nordinsel befunden haben. Dort entdeckte man Knochen von Hunderten von Moa und zahlreiche Eierschalenreste.

Für Paul Scofield vom „Canterbury Museum" in Christchurch hängen die extremen Größenunterschiede der weiblichen und männlichen Riesen-Moa vermutlich mit den verschiedenen Aufgaben der Geschlechter zusammen. Wie bei heutigen Straußen betreuten die kleineren Männchen der Riesen-Moa den Nachwuchs vom Brüten bis zum Aufziehen. Dagegen verteidigten die merklich größeren Weibchen das Revier. Wenn man Feinde in die Flucht schlagen will, braucht man eine imposante Statur. Im Gegensatz dazu war für Betreuer des Nachwuchses eine unauffälligere Erscheinung vorteilhaft, um möglichst keine unerwünschte Aufmerksamkeit für sich und die Küken zu erregen.

Im Gegensatz zu anderen Moa-Arten verlief das Wachstum der beiden *Dinornis*-Arten *Dinornis robustus* und *Dinornis novaezealandiae* beschleunigt. Offenbar waren die *Dinornis*-Arten nach ungefähr drei Jahren ausgewachsen, was bei kleineren Moa wie *Euryapteryx* bis zu neun Jahre dauerte. Heutige Vögel brauchen für das Erwachsenwerden normalerweise etwa ein Jahr. Tiere mit einer langen Kindheit erreichen normalerweise ein ziemlich hohes Alter.

Bei einem mumifizierten Moa der Gattung *Euryapteryx* bildete die Luftröhre eine 1,20 Meter lange Schleife. Eine solche Schleife findet man auch beim heutigen Trompeterschwan *(Cygnus buccinator)*, der

*Heutiger Trompeterschwan (Cygnus buccinator)
im „Binder Park Zoo" bei Battle Creek in Michigan /USA)*

*Größenvergleich zwischen verschiedenen Moa-Arten
und einem heutigen Menschen:*

1. Dinornis novaezealandiae (3 Meter hoch),
2. Emeus crassus (1,80 Meter hoch),
3. Anomalopteryx didiformis (1,30 Meter hoch),
4. Dinornis robustus (3,60 Meter hoch)

In der Literatur findet man auch andere Größenangaben.

Zeichnung von „Conti" bei „Wikipedia"

Lebensbild eines Riesen-Moa der Gattung Dinornis
des Berliner Tiermalers Heinrich Harder (1858–1935)

seinen Namen seinen trompetenähnlichen Rufen verdankt. Dank dieses Organs konnte *Euryapteryx* sehr laute und weit zu hörende Rufe erzeugen.

Vor der Ankunft von Menschen auf Neuseeland mussten die Moa nur die Haast-Adler *(Harpagornis moorei)* als Feind fürchten. Diese Raubvögel mit einer Flügelspannweite bis zu 3 Metern erbeuteten vor allem kleine und mittelgroße Arten, griffen aber manchmal auch Riesen-Moa an. An Becken riesiger Weibchen der *Dinornis*-Arten verrieten schwere Verletzungsspuren, dass Haast-Adler sie von hinten attackiert hatten. Die Beckenknochen waren von den Adlerkrallen regelrecht durchstochen worden. Wenn die Fänge eines Haast-Adlers in das Rückgrat eines Moa eindrangen, zerfetzten sie Muskeln, Rückenmark und Nieren, wobei das Beutetier sofort getötet wurde. An manchen Moa-Knochen befinden sich drei Löcher, die von den drei Krallen eines Haast-Adler-Fußes stammen.

Bis in die 1950-er Jahre war die falsche Theorie von Julius von Haast verbreitet, Moa seien Vögel der Savanne und des Waldrandes, die kaum jemals in den Wald vorgedrungen seien. Doch dann stellte man fest, dass Neuseeland vor der Ankunft der ersten Ureinwohner mit Ausnahme der subalpinen Zonen bewaldet gewesen war. Demnach waren Grasländer keinesfalls eine natürliche Landschaft. Aus der Untersuchung von Mageninhalten ging hervor, dass alle Moa-Arten Knospen, Blätter und Früchte von Waldpflanzen fraßen.

Untersuchungen der Muskelmägen bei besonders gut erhaltenen Moa-Fossilien verrieten, dass *Dinornis* vor allem Zweige abweidete. *Emeus* und *Euryapteryx* dagegen verzehrten weichere Pflanzennahrung wie Blätter und Früchte.

Bei manchen Moa-Gattungen kennt man bis zu fünf Zentimeter große Magensteine (Gastrolithen), welche in großer Menge geschluckt worden waren und im Muskelmagen die Nahrung zerkleinerten. Bei größeren Moa betrug das Gesamtgewicht solcher Magensteine mehrere Kilogramm. Teilweise lagen raue, nicht abgenutzte Magensteine noch innerhalb des Skeletts. Glatte Magensteine dagegen, die nach Abnutzung

„Lebendes Fossil":
Brückenechse (Sphenodon punctatus)

ausgespieen wurden, befanden sich neben dem Skelett in Häufchen am Boden. Für einen Anteil von tierischer Nahrung fand man keine Anhaltspunkte.

An manchen Knochenfunden lässt sich durch deren Jahresringe ablesen, dass Moa steinalt werden konnten. Mitunter sind Moa-Knochen porös und deformiert wie bei Osteoporose (Knochenschwund), die bei Menschen und Tieren erst im hohen Alter auftritt. Osteoporose macht Knochen für Brüche anfälliger. Bei heutigen Vögeln ist Osteoporose nur von Pagageien bekannt, die bis zu 100 Jahre alt werden können. Der neuseeländische Experte Paul Scofield schätzt, dass viele Moa bis zu 60 oder sogar 80 Jahre alt werden konnten.

Vor der Ankunft von Menschen war Neuseeland vor allem ein Land der Vögel. Dort lebten außer verschiedenen Moa-Arten auch Kiwis, uhugroße Eulenpagageien (Kakapo), Rallen (Wekaralle, Tekahe) und der riesige Haast-Adler. Der flugunfähige Kakapo *(Strigops habroptilus)* gilt als einer der seltensten Vögel der Welt. Um 2000 gab es noch schätzungsweise 40 Exemplare dieses Vogels, der sich Erdhöhlen im Wurzelgeflecht von Bäumen baut, nachts aktiv wird und nur noch von Baum zu Baum springt. Die flugunfähige Takahe ist mit einer Länge bis zu 60 Zentimetern und einem Gewicht von maximal 2,5 Kilogramm die schwerste Ralle der Welt. Zur Tierwelt auf Neuseeland gehörten auch die bis zu 75 Zentimeter lange Brückenechse *(Sphenodon punctatus),* ein „lebendes Fossil", der Urfrosch *Leiopelma* und zwei Fledermausarten. An Land lebende Säugetiere gab es vor der Einwanderung von Menschen nicht. Solche wurden erst viel später von weißen Einwanderern mitgebracht.

Gegen Ende des 13. Jahrhunderts erreichten polynesische Einwanderer mit Auslegerbooten das zuvor menschenleere Neuseeland. Ihre Ankunft könnte um 1280 erfolgt sein. Die ersten Ankömmlinge lichteten die bis dahin geschlossenen Wälder und entwickelten die archaische Maori-Kultur oder Moa-Jäger-Kultur. Da die von den frühen Einwanderern aus Polynesien mitgebrachten Nutzpflanzen im kühlen neuseeländischen Klima nur schlecht gediehen und die neue Heimat wenig essbare

*Veraltete Darstellung einer Moa-Jagd
des Berliner Tiermalers Heinrich Harder (1858–1935).
In Wirklichkeit besaßen Moa-Jäger
weder Pfeil noch Bogen.*

Gewächse bot, blieben Jagd und Fischfang als Ausweg. „Vor allem die Männchen, die oft in kleinen Höhlen auf dem Nest saßen, waren leicht anzugreifen", sagt Paul Scofield. Den frühen Einwanderern dienten das Fleisch der Moa und der Inhalt der großen von den Weibchen gelegten Eier als Nahrung. Aus Moa-Knochen stellte man Werkzeuge (Angelhaken) und Schmuckstücke her. Moa-Eierschalen wurden als Wasserspeicher verwendet.

In Wairau Bar, einem aus dem späten 13. Jahrhundert stammenden Dorf der Maori auf der Südinsel von Neuseeland, haben Forscher in einem ehemaligen Erdofen mehr als 1.000 Eierschalen-Fragmente entdeckt. Sie stammten von über 30 Eiern der Moa-Gattungen *Dinornis, Emeus* und *Euryapteryx.* Die Identifizierung gelang durch ein neues Verfahren, mit dem sich aus Eierresten das Erbmaterial DNA gewinnen lässt. Dieses Verfahren ist von einem Wissenschaftlerteam um Charlotte Oskam und Michael Bunce von der „Murdoch University" in Perth (Australien) entwickelt worden. Die Funde aus Wairau Bar belegen, dass Moa-Eier für die frühen Siedler eine sehr häufige Speise gewesen sind. Vermutlich wurde auch das Fleisch der Vögel selbst in Erdöfen zubereitet.

In kriegerischen Zeiten war bei den Maori auch Kannibalismus weit verbreitet. Durch den Verzehr des Herzens eines besiegten Feindes glaubten die Maori, dessen Prestige und Macht zu erhalten.

Wissenschaftler haben mehrfach die Zahl der Moa geschätzt, die vor dem Eintreffen der frühen Einwanderer auf Neuseeland gelebt haben sollen. Der neuseeländische Paläoökologe Richard Holdaway beispielsweise sprach von 150.000 bis 200.000 Moa sowie von 10.000 bis 15.000 Exemplaren des riesigen „Schreckensvogels" *Dinornis novaezealandiae,* den man früher auch *Dinornis giganteus* nannte. Nach Ansicht von Holdaway reichte bereits eine kleine Gruppe von vielleicht 100 oder 200 Polynesiern, um alle Moa endgültig auszurotten. Andere Schätzungen gingen von 159.000 oder sogar über einer Million Exemplaren der größten Moa-Art aus.

In polynesischen Siedlungen aus den ersten Jahrzehnten nach der Einwanderung auf Neuseeland hat man große Mengen von Moa-

Foto auf Seite 53:

*Größenvergleich zwischen dem
Riesen-Moa (Dinornis), rechts,
Strauß (Struthio camelus), Mitte, und
Kiwi (Apteryx), links,
jeder mit einem Ei vor sich.
Foto aus dem Jahre 1870*

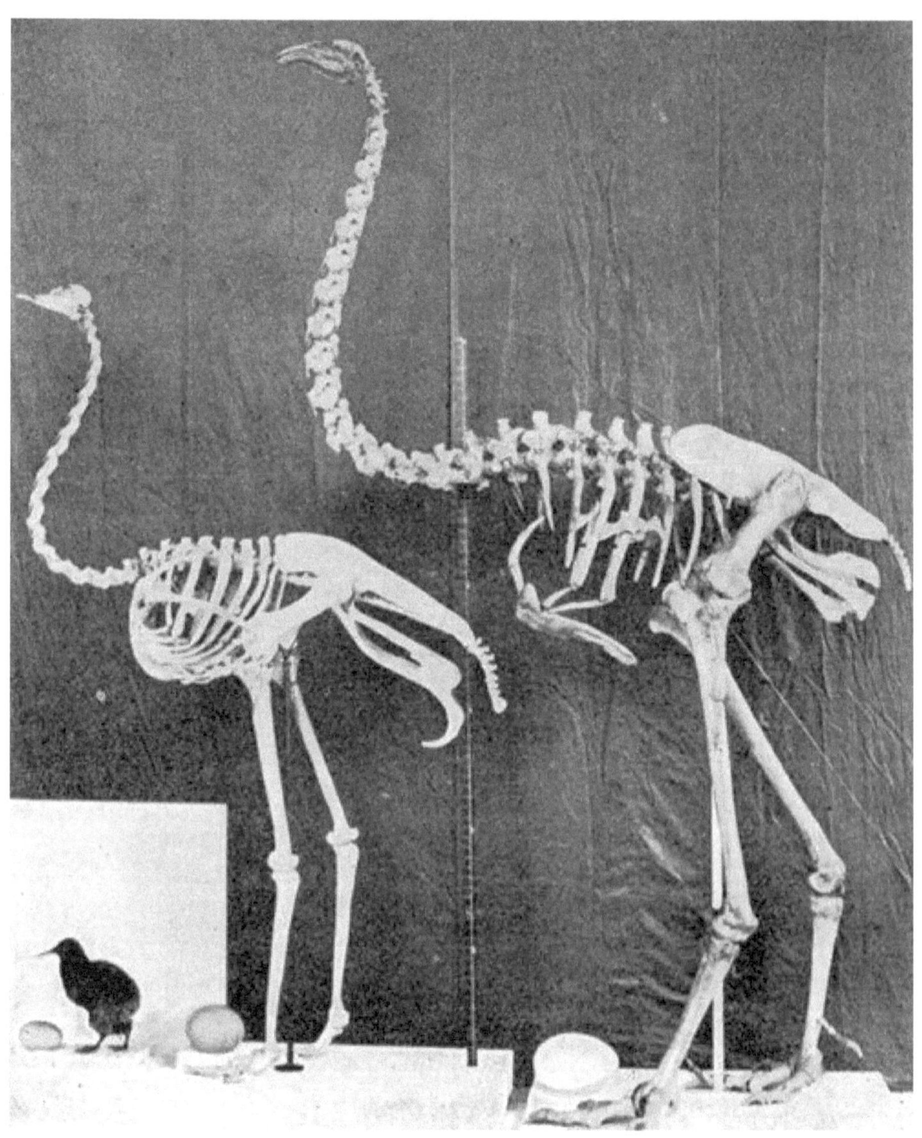

*Moa-Jäger, Naturforscher und Politiker
Walter Mantell (1820–1895)*

Knochen und -Eierschalen gefunden. Offenbar hatte man regelrechte Schlachtfeste durchgeführt, nur das Beste verzehrt und zugleich die Eier aus den Nestern gestohlen Das Auftauchen menschlicher Jäger löste bei den Moa vermutlich kein Flucht- oder Abwehrverhalten aus. Ein solches Verhalten geht bei Vögeln, die auf raubtierfreien Inseln leben, verloren.

Manche Forscher vermuten, die Moa-Jagd habe eher den Charakter eines „Einkaufs im Supermarkt"" als einer Jagd gehabt. Jäger der Maori schnitten den überraschten riesigen Laufvögeln, die eigentlich einen Menschen mit einem Fußtritt töten hätten können, die Sehnen an den Beinen durch, fingen sie in Gruben, raubten ihre Nester aus und zerstörten durch Niederbrennen und Roden der Wälder ihren Lebensraum. Erbeutete Moa landeten in mit Steinen verkleideten Gruben, die vorher mit einem Holzfeuer auf Gar-Temperatur gebracht wurden.

Auf ein Lager von Moa-Jägern ist 1847 Walter Mantell auf der Südinsel, drei Meilen südlich von Oamarus am Fluss Anwa Kokomuka, gestoßen. Der Sohn des britischen Arztes, Geologen und Paläontologen Gideon Mantell (1790–1852), gab dem Fluss den Namen Awama („Moa-Fluss"). Große Mengen an Moa-Knochen in Kochgruben belegten, dass in diesem Lager zahlreiche Moa geschlachtet worden waren. Nach den Funden zu schließen, hatten die Moa-Jäger den erlegten Vögeln die langen Hälse abgeschnitten und – weil sie diese für unbrauchbar betrachteten – weggeworfen. Auf jenem Lagerplatz lagen auch massenhaft Moa-Eierschalen.

1869 untersuchte Julius von Haast nahe der Mündung des Rakaia-Flusses in Canterbury ein großes Lager von Moa-Jägern. Dieses befand sich in einem Gebiet von etwa 8 Hektar mit Kochgruben, Abfallhaufen mit Moa-Knochen und anderen Knochen sowie zahlreichen Feuersteinklingen.

Moa-Knochen und -Eier befanden sich zuweilen auch in Gräbern von Moa-Jägern. Bereits 1859 entdeckten Bergleute das Grab eines Häuptlings der Ureinwohner auf Neuseeland, der mit seinen skelettierten Händen ein 25 Zentimeter langes und 18,7 Zentimeter hohes Moa-Ei

*Darstellung eines Riesen-Moa (Dinornis)
in „Popular Science Monthly" von 1877/1878*

umklammerte. Jener Häuptling war in sitzender Haltung bestattet worden.

Unweit der 1872 ausgegrabenen „Moa Bone Point Cave" („Moa-Knochenhöhle") bei Sumner östlich von Christchurch fand man 1874 beim Straßenbau einen Begräbnisplatz von Moa-Jägern. Sechs der dort insgesamt sieben bestatteten Menschen waren in kauernder Haltung begraben und mit Steinbeilen ausgestattet. Ein weiterer Mensch lag mit dem Gesicht nach unten und ohne Steinbeile im Grab. Julius von Haast kam erst nachträglich an den Fundort und musste sich auf die Angaben der Bauarbeiter verlassen. In den Gräbern lagen einige Moa-Knochen, von denen Haast glaubte, sie seien zufällig hineingeraten. Doch ein anderer Experte betrachtete in den 1940-er Jahren solche Moa-Knochen als Grabbeigaben.

Im Januar 1939 entdeckte der 13-jährige Farmersohn James („Jim") Eyles (1926–2004) an der Mündung des Wairau-Flusses ein Grab, in dem neben einem menschlichen Skelett ein Moa-Ei mit Bohrloch lag. Der Junge war beim Graben auf einen hohlen Gegenstand gestoßen, den er zunächst irrtümlich für eine alte Kürbisschale hielt. Doch bald erkannte er, dass es sich um ein zwar angebrochenes, aber sonst vollkommen erhaltenes Moa-Ei handelte, das an einem Ende angebohrt war. Als er weiter grub, stieß er auf ein Menschenskelett und sieben rollenartige Halsketten-Perlen aus Walzahn-Elfenbein, die beidseitig einen aus einem Pottwal-Zahn gebildeten Anhänger einrahmten. Der Fund wurde vom „Dominion-Museum" in Wellington angekauft.

Anfang 1942 grub der inzwischen 16-jährige Jim Eyles erneut am 1939 entdeckten Fundort. Diesmal stieß er auf zertrümmerte Moa-Eierschalen und etwas darunter auf das Skelett eines jungen Mannes. Zu dessen Grabbeigaben gehörten fünf Halsketten und 14 Steinbeile. An zwei der Ketten befanden sich Teile von Moa-Knochen. Als im April 1942 ein drittes Grab mit einem vollständig erhaltenen, angebohrten Moa-Ei geborgen wurde, vermutete der Ethnologe Roger Sheperd Duff (1912–1978), die Beigabe einer Ei-Wasserflasche sei ein normaler Begräbnis-brauch.

Tatsächlich wurde nicht jedem verstorbenen Ureinwohner ein Moa-Ei mit ins Grab gelegt. Von 36 bis Anfang 1952 untersuchten Gräbern lagen nur in elf Moa-Eier. Überwiegend handelte es sich jeweils um ein Moa-Ei, in zwei Fällen um jeweils zwei Moa-Eier und in einem Fall davon vielleicht sogar um drei Moa-Eier. Offenbar hatte man nur erwachsene verstorbene Männern von Rang mit Moa-Eiern als Beigabe versehen. In manchen „Eier-Gräbern" wirkten aufrecht darin stehende Moa-Knochen so, als hätte man den Toten auch Moa-Fleisch-portionen als Speise für das Jenseits mitgegeben. Das könnte auch in den Gräbern nahe der „Moa Bone Point Cave" bei Sumner der Fall gewesen sein. Finger- und Zehenknochen von frühen Moa-Jägern auf Neuseeland weisen oft Spuren der Gelenkerkrankung Gicht auf. Dieses Leiden tritt meistens bei Menschen auf, die sehr viel Fleisch essen. Offenbar wurde die Jagd auf Moa sehr erfolgreich betrieben. Irgendwann starben bei den Moa mehr Alttiere, als Jungtiere aufgezogen wurden. Das plötzliche Wegbleiben der Moa bald nach der Ankunft der Maori geschah so plötzlich, dass diese großen Vögel in den Überlieferungen und Sagen der Ureinwohner fast keine Rolle spielten.

Die meisten Autoren glauben, die Moa seien vor mehr als einem halben Jahrtausend für immer auf Neuseeland verschwunden. Der genaue Zeitpunkt hierfür ist bisher nicht bekannt. Denn die Ureinwohner kannten damals keine Jahreszahlen. In manchen Gegenden verschwanden die Moa erstaunlich schnell. Auf der Coromandel Peninsula, einer 85 Kilometer langen Halbinsel von Neuseeland, soll dies innerhalb von nur fünf Jahren geschehen sein.

Auf Felsbildern von Ureinwohnern in Neuseeland sind neben Menschen und deren Hunden auch Fische, Vögel, mythische Monster in Drachen- oder Schlangengestalt sowie Segelschiffe europäischer Seefahrer dargestellt. Unter den Vogelbildern befinden sich Darstellungen riesiger Moa. Bisher kennt man auf Neuseeland insgesamt etwa 400 Felsbilder in Höhlen oder unter Felsunterhängen. Mehr als 90 Prozent dieser in Rot (Hämatit) und Schwarz (Holzkohle) gehaltenen Felsbilder liegen in den Gegenden von Dunedin und Christchurch auf der Südinsel.

Der schweizerische Autor Kurt Schläpfer schrieb in seinem Werk „Wissenswertes über drei Vögel, die es nicht mehr gibt" (2008), vermutlich sei der letzte Riesen-Moa weniger als 200 Jahre nach der Besiedlung durch die Maori ab 1280 schon um 1450 verschwunden. Die kleinen Moa-Arten hätten nachweislich länger überlebt. Laut „glaubhafter Überlieferungen" sei um 1675 ein frisches Moa-Gelege gefunden worden. Einem Bericht des Ethnographen George Samuel Graham (1874–1952) zufolge begegnete diesem 1910 eine 90-jährige Maori-Frau, die eine Tochter namens Rangi-hua-moa hatte. Der Name der Tochter bedeutete „Tag der Moa-Eier". Deswegen fragte Graham die 90-Jährige nach dem Sinn dieser Namensgebung. Die Antwort lautete, die Tochter sei nach einer gleichnamigen Vorfahrin benannt, die an einem Tag geboren wurde, als man ein Moa-Gelege gefunden und deswegen ein Fest abgehalten habe. Der Fund soll im Quellgebiet des Paremoremo-Baches in der Provinz Auckland auf der Nordinsel geglückt sein. Nach der Genealogie soll diese Entdeckung um 1675 erfolgt sein. Danach habe man, so erzählte die 90-Jährige, nie wieder Moa-Eier gefunden.

Noch 1767 soll ein Maori-Kind einen lebenden Moa gesehen haben. Das wäre zwei Jahre früher gewesen, als der britische Entdecker und Weltumsegler James Cook (1728–1779) im Jahre 1769 erstmals Neuseeland betrat. Dies erzählte 1844 der damals vielleicht 85 Jahre alte Maori Haumatangi dem Gouverneur von Neuseeland, Robert FitzRoy (1805–1865). Der betagte Maori gab an, in seiner Kindheit mehrfach Moa mit eigenen Augen erblickt zu haben. FitzRoy war in den 1830-er Jahren der Kapitän des Forschungsschiffes „HMS Beagle" gewesen, auf dem der junge Naturforscher Charles Darin wertvolle Erkenntnisse sammelte.

Ein anderer alter Maori namens Kawana Papai behauptete, noch um 1790 auf der Südinsel von Neuseeland an einer Jagd auf Moa teilgenommen zu haben. Dabei seien die Moa mit Speeren erlegt worden. Die Jagd auf die großen Vögel sei nicht ungefährlich gewesen, da sich diese mit kräftigen Tritten wehren hätten können.

*Britischer Entdecker und Weltumsegler
James Cook (1728–1779)*

Der deutsche Autor Lothar Frenz fragte in seinem Buch „Riesenkraken und Tigerwölfe. Auf der Spur mysteriöser Tiere" (2000): „Haben die Ureinwohner die neugierig fragenden Europäer vielleicht einfach nicht enttäuschen wollen?"

Ins Reich der Phantasie dürften auch Berichte von weißen Einheimischen und Touristen über Sichtungen von Moa auf Neuseeland aus dem 19. und 20. Jahrhundert gehören. Schilderungen solcher Begegnungen mit Riesenvögeln findet man vor allem in Werken über Kryptozoologie.

Der verhältnismäßig junge Forschungszweig der Kryptozoologie wurde von dem belgischen Zoologen Bernard Heuvelmans (1916–2001) um 1950 benannt und gegründet. Er sammelte Tausende von Berichten, Legenden, Sagen, Geschichten und Indizien verborgener Tiere und prägte durch seine Fleißarbeit die Kryptozoologie nachhaltig. Kryptozoologen suchen heute weltweit nach verborgenen Tierarten (Kryptiden).

Die 80-jährige Neuseeländerin Alice McKenzie erzählte 1959, sie sei 1887 als Mädchen im Alter von sieben Jahren an der Martins Bay auf der Südinsel von Neuseeland einem etwa einen Meter großen unbekannten Vogel begegnet. Diesen konnte sie auch später als Erwachsene nicht als bekannten Vogel identifizieren. Der mysteriöse Vogel besaß angeblich ein dunkelblaues Gefieder, dunkelgrüne, schuppige Beine und drei Krallen an den Füßen. Ein Schwanz sei nicht erkennbar gewesen. Alice rannte nach Hause, als ihr der große Vogel ein Stück nachlief. Später zeigte sie ihrem Vater Fußabdrücke mit drei Zehen, von denen die längste ungefähr 28 Zentimeter lang gewesen sein soll. Mit 17 Jahren soll Alice erneut einem solchen fremdartigen Vogel begegnet sein. Es wird spekuliert, Alice könnte einen kleinen Moa der Gattung *Megalapteryx* angetroffen haben. Ihr Bruder hat angeblich ebenfalls einen Moa erblickt.

Zwei deutsche Touristen sollen am 19. Mai 1992 auf der Südinsel von Neuseeland zwei Moa gesehen haben. Sie schrieben folgenden Satz in das Gästebuch einer Hütte: „Wir waren sehr überrascht, im Harper Valley zwei Moas zu sehen, denn wir haben gehört, dass sie in den meisten

Belgischer Zoologe Bernard Heuvelmans (1916–2001), Zeichnung von Talitha Wittich

Teilen des Landes fast ausgerottet sind." Die beiden Touristen unterschrieben ihre Eintragung in nicht genau zu entziffernder Schrift mit den Namen „Franz Christiansen" und „Holger Umbreit" oder „Helga Umbreit". Mündlich haben sie offenbar niemand von ihrer Begegnung erzählt.

Erst acht Monate später wurde man auf die Eintragung der zwei deutschen Touristen aufmerksam. Dies geschah zehn Tage nach einer erneuten Moa-Sichtung im selben Gebiet. Am 20. Januar 1993 erblickten drei Neuseeländer – der Hotelbesitzer Paddy Freaney, ein Mann namens Sam Waby und die Lehrerin Rochelle Rafferty – bei einer Wanderung westlich von Christchurch am Harper River in rund 40 Metern Entfernung einen großen Vogel, der 2 Meter hoch gewesen sein soll. Sein Kopf und sein Schnabel sahen klein aus, seine Beine und seine Füße kräftig und dick. Sein Gefieder hatte eine rotbraun-gräuliche Farbe. Die Federn hingen angeblich bis zu den Kniegelenken herab. Für die drei Augenzeugen, welche die Tierwelt von Neuseeland kannten, konnte dieser Vogel nur ein Moa sein. Der große Vogel war schätzungsweise 30 Sekunden lang sichtbar, dann rannte er durch ein Flussbett davon und tauchte im Wald unter. Freaney konnte seine Kamera aus der Tasche reißen und den flüchtenden Vogel fotografieren. Danach machte er auch Aufnahmen der Fußspuren, die der mutmaßliche Moa am Flussufer hinterlassen hatte.

Erst nach der Entwicklung der Fotos informierten die drei neuseeländischen Augenzeugen die Öffentlichkeit über ihre aufregende Begegnung. Kurz danach stieß man auf die Eintragung ins Gästebuch der beiden deutschen Touristen über ihre Moa-Sichtung. Die sensationelle Nachricht über zwei Moa-Sichtungen innerhalb kurzer Zeit in einer Region ging um die Welt.

Obwohl die „Deutsche Presse-Agentur" (dpa) und viele deutschsprachige Zeitungen über diese Vorfälle auf Neuseeland berichteten, konnten die beiden Deutschen, die am 19. Mai 1992 zwei Moa erspäht haben sollen, nie ausfindig gemacht werden. Nachforschungen ergaben nur, dass sich damals ein Deutscher namens Holger Umbreit in jener Gegend

Lebensbild eines Riesen-Moa (Dinornis)
Aus der Bilderserie „Tiere der Urwelt" (1902)
des Künstlers F. John,
dessen Lebensdaten nicht bekannt sind

aufgehalten hatte. Einen Moa hatte er allerdings nicht erblickt. Über den erwähnten neuseeländischen Hotelier und Augenzeugen Paddy Freaney wurde bekannt, dieser sei ein Scherzbold. Einige Monate vor seiner Moa-Sichtung habe er einem Bekannten angedeutet, demnächst etwas Besonderes zu planen. Sein Foto des angeblich flüchtenden Moa war verwackelt und zeigte nach Ansicht von Skeptikern nur einen Rothirsch. Vielleicht war die Moa-Sichtung vom 20. Januar 1993 nur ein Werbegag? Denn Paddy Freaney war der Besitzer des „Bealy-Hotel" nahe des Moa-Sichtungsortes und profitierte finanziell von den Journalisten, die vor Ort wegen des vermeintlichen Moa recherchierten und in sein Hotel kamen.

Dass man auf Neuseeland verschwundene Tiere wieder entdecken kann, beweist das Schicksal der erwähnten großen und schweren Ralle Takahe. Von diesem flugunfähigen Vogel mit grün-kobaltblauem Gefieder sowie korallenrot leuchtendem Schnabel und ebensolchen Beinen hatte man im 19. Jahrhundert nur noch vier Exemplare gefangen. Der letzte Fang glückte 1898 nahe des Te-Anau-Sees im heutigen Fjordland-Nationalpark auf der Südinsel von Neuseeland. Danach haben weiße Neuseeländer diesen Vogel ein halbes Jahrhundert lang nicht mehr zu Gesicht bekommen. Es gab aber Hinweise von Maori, die nahe des Te-Anau-Sees solche bunten Vögel gesehen haben wollten.

Im April 1948 führte der Arzt und Naturforscher Geoffrey Orbell (1908–2007) aus Invercargill eine Expedition zu einem kleinen, kaum erkundeten See, der in einer Gegend lag, die von Maori als „ko-haka-takahe" („Nistplatz der Takahe") bezeichnet wurde. Als er dort merkwürdige Vogelstimmen im Röhricht hörte und große Vogelfußabdrücke im Schlamm sah, vermutete Orell, der Takahe auf der Spur zu sein. Bei einer weiteren Expedition entdeckte er am 20. November 1948 tatsächlich eine Takahe, als er mit seinen Begleitern durch dichtes Schneegras stapfte. Bis zum Jahresende 1948 fing das Expeditionsteam zwei weitere Takahe-Rallen unverletzt, filmte und beobachtete sie und ließ sie wieder frei. Kurz danach stelle die Regierung von Neuseeland das Gebiet um den See, der zu Ehren des Entdeckers

Ralle Takahe (Porphyrio mantelli hochstetteri)
im „City Park" von Te Anau bei Doubtfull Sound

den Namen „Lake Takahe" erhielt, unter Schutz. 1949 stellte Orbell bei einer weiteren Expedition fest, dass vielleicht noch hundert Takahe-Rallen lebten. Diese Tiere waren aber sehr bedroht. Rothirsche, die von europäischen Siedlern ausgesetzt worden waren, fraßen alles kahl und zertrampelten die Weideplätze der Rallen. In vielen Takahe-Nestern lagen zur Brutzeit zerstörte Eier und durch Hermeline getötete Küken. Auch die Hermeline waren von weißen Einwanderern eingeführt worden.

Nach der Wiederentdeckung der Takahe-Ralle suchten in den 1950-er Jahren mehrere Expeditionen im Fjordland nach überlebenden Moa. Der Naturforscher Geoffrey Orbell glaubte, dort könnten gegen Ende des 19. Jahrhunderts und vielleicht sogar noch bis in die 1930-er oder 1940-er Jahre kleinere Moa-Arten existiert haben. Ein Maori hatte ihm berichtet, um 1940 an einer Bucht namens Preservation Inlet im Süden der Südinsel von Neuseeland drei unbekannte etwa 1,50 Meter große Vögel mit langen Beinen erspäht zu haben. Diese Tiere seien durch einen kleinen Wasserlauf gegangen. Während der 1950-er Jahre wollen die Krabbenfischer Ray Clarke und George Brassell vom Meer aus einen großen, unbekannten Vogel am Ufer beobachtet haben.

Zwischen Februar und März 1978 versuchte ein japanisches Expeditionsteam im Fjordland-Nationalpark auf Neuseeland, mit rekonstruierten Balzrufen eines *Megalapteryx* aus Lautsprechern solche mittelgroßen Moa anzulocken. Der Biologe Shoichi Hollie von der „Gunma University" hatte die anatomischen Daten des Kehlkopfes eines *Megalapteryx* in einen Computer eingegeben und auf diese Weise Laute rekonstruiert, die jenen einstiger Moas gleichen sollten. Die Balzrufe aus Lautsprechern lockten keinen Moa herbei. Angeblich ist dies kein Wunder: Denn der neuseeländische Paläontologe Trevor Worthy, der sich seit vielen Jahren mit den Moa befasst, alle großen Moa-Ausgrabungsstätten kennt, in vielen Wäldern auf Neuseeland unterwegs war und „Mister Moa" genannt wird, hat noch nie einen Beweis dafür gefunden, dass heute noch Moa existieren. Er entdeckte weder Fußspuren noch Kothaufen von Moa.

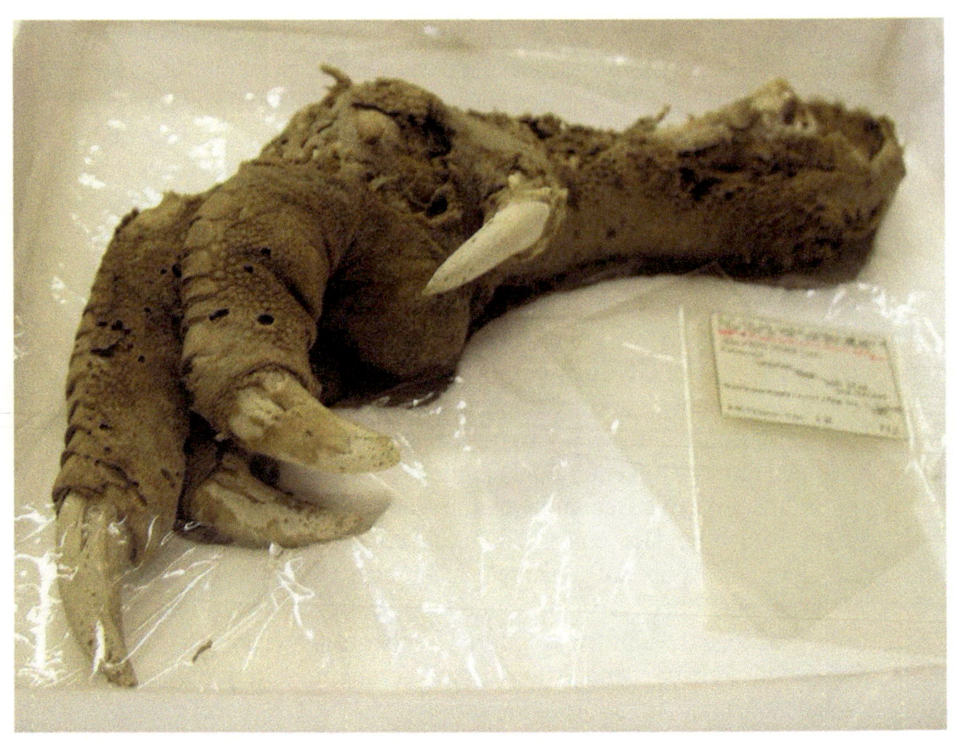

Fuß eines Moa (Megalapteryx)
im „Natural History Museum", London

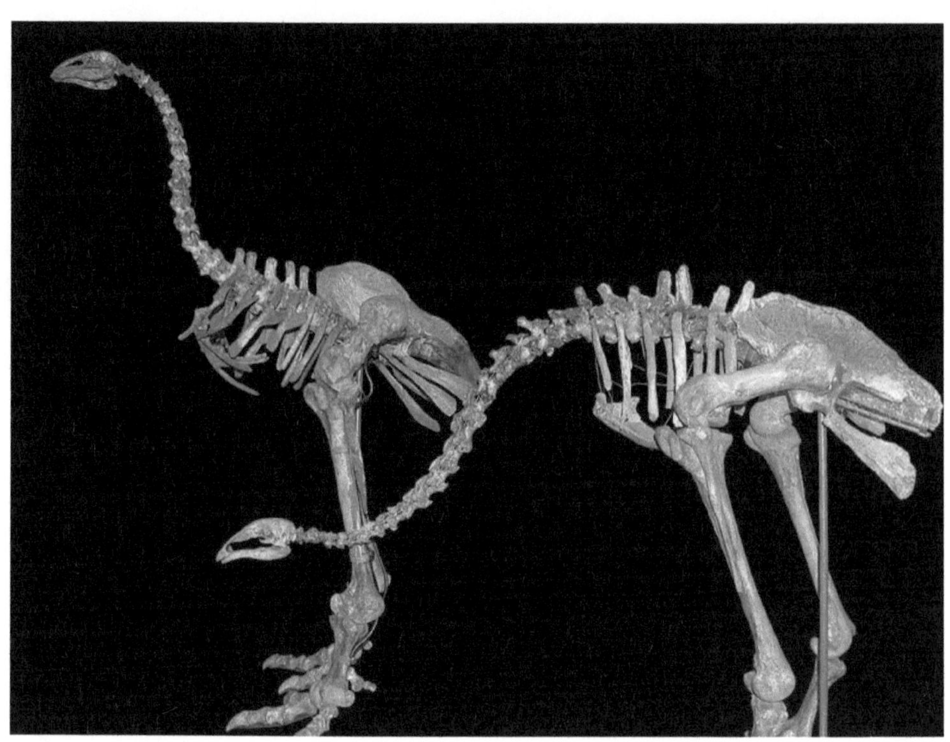

Skelette von Moa
im „Naturhistorischen Museum Wien"

Teile des Vogelskeletts

1 Schädel (Cranium)
2 Halswirbel
3 Gabelbein (Furcula)
4 Rabenbein (Coracoid)
5 Rippe
6 Brustbeinkamm (Carina sterni)
7 Kniescheibe (Patella)
8 Tarsometatarsus
9 erste Zehe
10 Tibiotarsus
11 Wadenbein (Fibula)
12 Oberschenkelknochen
13 Schambein
14 Sitzbein
15 Darmbein
16 Schwanzwirbel
17 Pygostyl
18 Synsacrum
19 Schulterblatt
20 Notarium
21 Oberarmknochen (Humerus)
22 Elle (Ulna)
23 Speiche
24 Carpometacarpus
25 Digitus minor
26 Digitus major
27 Daumen oder Alula (Digitus alulae)

Quelle: Wikipedia

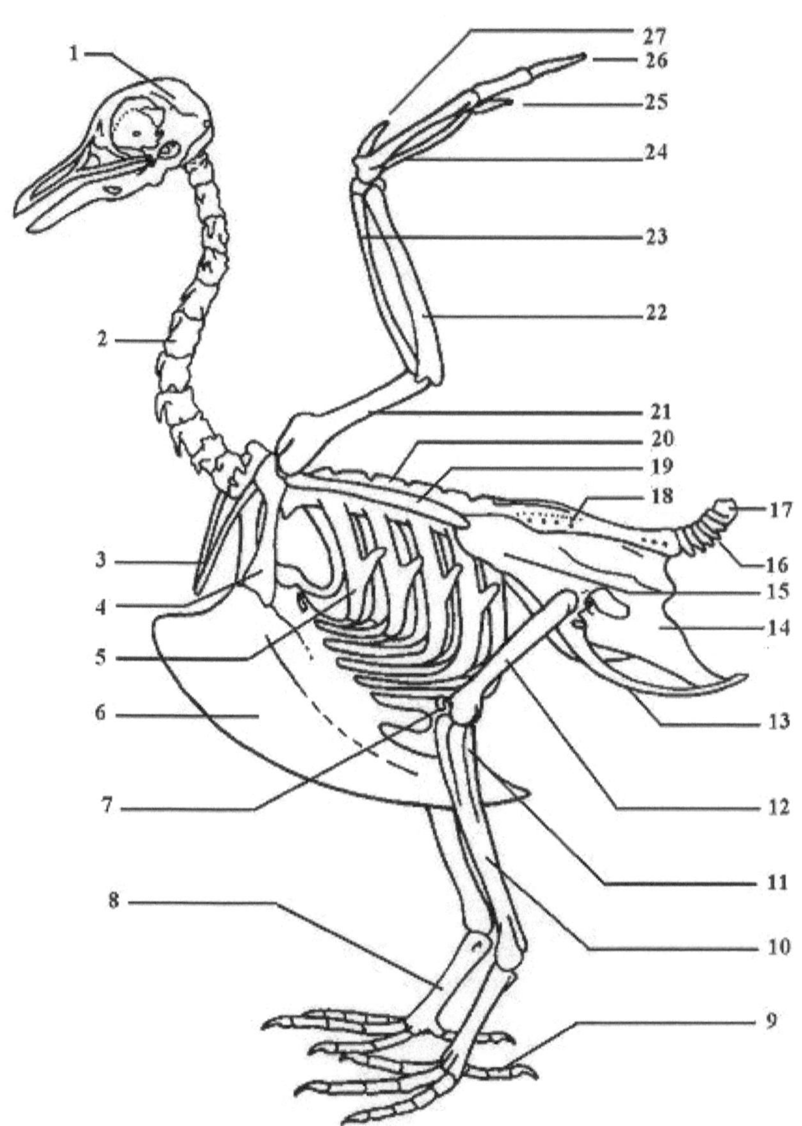

Literatur

BUNCE, M. / WORTHY, T. H. / PHILIPS, M. J. / HOLDAWAY, R. N. / WILLERSLEY, E. / HAILE, J. / SHAPIRO, B. / SCOFIELD, R. P. / DRUMMOND, A. / KAMP, P. J. J. / COOPER, A.: The evolutionary history of the extinct ratite moa and New Zealand Neogene paleogeography. Proceedings of the National Academy of Sciences of the United States of America 2009

COX, Barry / DIXON, Dougal / GARDINER, Brian / SAVAGE, R. J. G.: *Dinornis maximus*. In: Dinosaurier und andere Tiere der Vorzeit, S. 177, München 1989

FRENZ, Lothar: Dinovögel gesichtet. Aus: Riesenkraken und Tigerwolf. Auf der Spur mysteriöser Tiere, Berlin 2000

KNAUER, Roland: Aussterben der Megafauna. Schuldspruch für frühe Jäger. Spektrum der Wissenschaft, 19. Mai 2014

KRÖSCHE, Otto: Die Moa-Strauße, Wittenberg 1963

OWEN, Richard: On the bone of an unknown struthious bird from New Zealand. Proceedings of the Zoological Society of London for 1839. Teil VII, Nr. IXXXIII, S. 169–171, London 1840

OWEN, Richard: Memoirs on the Extinct Wingless Birds of New Zealand with an Appendix on those of England, Australia, Newfoundland, Mauritius, and Rodriguez, London 1879

PROBST, Ernst: Rekorde der Urzeit, München 1992

PROBST, Ernst: Johann Jakob Kaup. Der große Naturforscher aus Darmstadt, München 2011

PROBST, Ernst: Tiere der Urwelt. Leben und Werk des Berliner Malers Heinrich Harder, München 2014

SCHLÄPFER, Kurt: Der größte Vogel aller Zeiten: der Riesen-Moa. Aus: Wissenswertes über drei Vögel, die es nicht mehr gibt, S. 13–20, Engelburg 2008

SCINEXX Das Wissensmagazin: Der Moa. Für immer verloren, Düsseldorf 2003

SCINEXX Das Wissensmagazin: Feder-DNA enthüllt Aussehen von

fossilen Riesenvögeln. Ausgestorbene Moas trugen Tarnkleid gegen
Adlerangriffe, Düsseldorf 2014
SPIEGEL-ONLINE: Neuseeland. Mensch machte Vogelgiganten den
Garaus, 18. März 2014
TE ARA – THE ENCYCLOPEDAOI OF NEW ZEALAND
http://www.teara.govt.nz/en
VIERING, Kerstin: Die Passagiere der Arche Moa. Mit neuen Methoden
analysieren Wissenschaftler die Geschichte ausgestorbener Riesenvögel.
Berliner Zeitung, 12. Juli 2011
WIKIPEDIA (Online-Lexikon) Moa
http://de.wikipedia.org/wiki/Moa
WIKIPEDIA (Online-Lexikon) Richard Owen
http://de.wikipedia.org/wiki/Richard_Owen

Bildquellen

John Megahan / Zeichnung aus „PLoS Biology" / CC-BY2.5: 1 (via
Wikimedia Commons), lizensiert unter CreativeCommons-Lizenz
by-2.5-en, http://creativecommons.org/licenses/by/2.5/legalcode
Ausschnitt einer Zeichnung von Joseph Smit (1836–1929) von
1892: 4 (via Wikimedia Commons), Lizenz: gemeinfrei (Public
domain)
Reproduktion eines Lebensbildes von Benjamin Waterhouse Hawkins
(1807–1894) von 1894: 6 (via Wikimedia Commons), Lizenz:
gemeinfrei (Public domain)
Reproduktion eines Fotos aus „Memoirs on the Extinct Wingless
Birds of New Zealand" (1879) von Richard Owen (1804–1892): 8
(via Wikimedia Commons), Lizenz: gemeinfrei (Public domain)
Reproduktion eines zwischen 1860 und 1873 entstandenen Fotos
eines unbekannten Fotografen: 10 (via Wikimedia Commons),
Lizenz: gemeinfrei (Public domain)
Reproduktion eines Fotos eines unbekannten Fotografen aus

„Transactions and Proceedings of the Royal Society of New Zealand"
(1898): 12 (via Wikimedia Commons), Lizenz: gemeinfrei (Public
domain)
Reproduktion eines Fotos eines unbekannten Fotografen um 1870:
13 (via Wikimedia Commons), Lizenz: gemeinfrei (Public domain)
Reproduktion eines Fotos von Nelson King Cherrill (1845–1926):
14 (via Wikimedia Commons), Lizenz: gemeinfrei (Public domain)
Reproduktion eines Ölgemäldes des Darmstädter Hofmalers
Josef Hartmann (1812–1885) aus dem Jahre 1866, Original im Besitz
der Familie Bang-Kaup in Hammelbach/Odenwald, Foto: Hessisches
Landesmuseum Darmstadt: 16
Reproduktion eines Porträts eines unbekannten Künstlers vor 1821:
18 (via Wikimedia Commons), Lizenz: gemeinfrei (Public domain)
Reproduktion einer Zeichnung aus „A History of the Birds of New
Zealand" (1888) von Walter Lawry Buller (1838–1906) / Creative
Commons Attribution-Share Alike 3.0 New Zealand Licence /
CC-BY-SA3.0NZ / http://creativecommons.org/licenses/by-sa/3.0/nz
/ http://creativecommons.org/licenses/by-sa/3.0/nz/legalcode: 20
Dr. Jörn Köhler, Abteilung Naturgeschichte – Zoologie, Hessisches
Landesmuseum Darmstadt: 22
Reproduktion einer Zeichnung aus „A History of the Birds of New
Zealand" (1888) von Walter Lawry Buller (1838–1906) / Creative
Commons Attribution-Share Alike 3.0 New Zealand Licence /
CC-BY-SA3.0NZ / http://creativecommons.org/licenses/by-sa/3.0/nz
/ http://creativecommons.org/licenses/by-sa/3.0/nz/legalcode: 23
Reproduktion einer Zeichnung von Joseph Smit (1836–1929) von
1892: 24 (via Wikimedia Commons), Lizenz: gemeinfrei (Public
domain)
Reproduktion eines Fotos von Roger Fenton (1819–1869): 26
(via Wikimedia Commons). Lizenz: gemeinfrei (Public domain)
Reproduktion eines Fotos aus „Memoirs on the Extinct Wingless
Birds of New Zealand" (1879) von Richard Owen (1804–1892): 28
(via Wikimedia Commons), Lizenz: gemeinfrei (Public domain)

Autor Ernst Probst

Der Autor

Ernst Probst, geboren am 20. Januar 1946 in Neunburg vorm Wald im bayerischen Regierungsbezirk Oberpfalz, ist Journalist und Wissenschaftsautor. Er arbeitete von 1968 bis 1971 als Redakteur bei den „Nürnberger Nachrichten", von 1971 bis 1973 in der Zentralredaktion des „Ring Nordbayerischer Tageszeitungen" in Bayreuth und von 1973 bis 2001 bei der „Allgemeinen Zeitung", Mainz. In seiner Freizeit schrieb er Artikel für die „Frankfurter Allgemeine Zeitung", „Süddeutsche Zeitung", „Die Welt", „Frankfurter Rundschau", „Neue Zürcher Zeitung", „Tages-Anzeiger", Zürich, „Salzburger Nachrichten", „Die Zeit", „Rheinischer Merkur", „Deutsches Allgemeines Sonntagsblatt", „bild der wissenschaft", „kosmos", „Deutsche Presse-Agentur" (dpa), „Associated Press" (AP) und den „Deutschen Forschungsdienst" (df). Aus seiner Feder stammen die Bücher „Deutschland in der Urzeit" (1986), „Deutschland in der Steinzeit" (1991), „Rekorde der Urzeit" (1992), „Dinosaurier in Deutschland" (1993 zusammen mit Raymund Windolf) und „Deutschland in der Bronzezeit" (1996). Von 2001 bis 2006 betätigte sich Ernst Probst als Buchverleger sowie zeitweise als internationaler Fossilienhändler und Antiquitätenhändler. Insgesamt veröffentlichte er mehr als 300 Bücher, Taschenbücher, Broschüren und über 300 E-Books.

Lebensbild des Laufvogels Gastornis (früher Diatryma genannt) von Monika Betley bei „Wikipedia"

Bücher von Ernst Probst

Aepyornis. Der Vogel, der die größten Eier legte
Archaeopteryx. Die Urvögel aus Bayern
Argentavis. Der größte fliegende Vogel
Brontornis. Riesenvögel in Argentinien
Dinornis. Der größte Vogel aller Zeiten
Dromornis. Der schwerste Vogel aller Zeiten
Gastornis. Der verkannte Terrorvogel
Harpagornis. Der größte Greifvogel der Neuzeit
Hesperornis. Der große Vogel des Westens
Pelagornis. Der größte Meeresvogel
Phorusrhacos. Der riesige Terrorvogel
Vogelriesen in der Urzeit
Rekorde der Urzeit. Landschaften, Pflanzen und Tiere
Rekorde der Urmenschen. Erfindungen, Kunst
und Religion
Tiere der Urwelt. Leben und Werk
des Berliner Malers Heinrich Harder
Dinosaurier von A bis K. Von Abelisaurus
bis zu Kritosaurus
Dinosaurier von L bis Z. Von Labocania
bis zu Zupaysaurus
Dinosaurier in Deutschland
Dinosaurier in Baden-Württemberg
Dinosaurier in Bayern
Dinosaurier in Niedersachsen
Raub-Dinosaurier von A bis Z
Der Ur-Rhein. Rheinhessen vor zehn Millionen Jahren
Als Mainz noch nicht am Rhein lag
Der Rhein-Elefant. Das Schreckenstier von Eppelsheim

Krallentiere am Ur-Rhein
Menschenaffen am Ur-Rhein
Säbelzahntiger am Ur-Rhein
Johann Jakob Kaup. Der große Naturforscher
aus Darmstadt
Säbelzahnkatzen. Von Machairodus bis zu Smilodon
Die Säbelzahnkatze Machairodus
Die Säbelzahnkatze Homotherium
Die Dolchzahnkatze Megantereon
Die Dolchzahnkatze Smilodon
Deutschland im Eiszeitalter
Der Mosbacher Löwe
Höhlenlöwen. Raubkatzen im Eiszeitalter
Der Höhlenlöwe
Eiszeitliche Raubkatzen in Deutschland
Eiszeitliche Geparde in Deutschland
Eiszeitliche Leoparden in Deutschland
Löwenfunde in Deutschland, Österreich
und der Schweiz
Der Höhlenbär
Das Mammut
Monstern auf der Spur. Wie die Sagen über Drachen, Riesen
und Einhörner entstanden
Affenmenschen. Von Bigfoot bis zum Yeti
Nessie. Das Monsterbuch
Seeungeheuer. 100 Monster von A bis Z

Bestellungen bei: www.grin.com